中级汽车维修工技能实训教材（修订版）

潘向民　编著

广东科技出版社

·广　州·

图书在版编目（CIP）数据

中级汽车维修工技能实训教材：修订版/潘向民编著.—广州：广东科技出版社，2019.1（2022.6重印）
ISBN 978-7-5359-7044-2

Ⅰ.①中… Ⅱ.①潘… Ⅲ.①汽车—车辆修理—职业技能—鉴定—教材 Ⅳ.①U472.4

中国版本图书馆CIP数据核字（2018）第288874号

Zhongji Qiche Weixiugong Jineng Shixun Jiaocai

出 版 人：朱文清
责任编辑：黄 铸 严 旻
封面设计：柳国雄
责任校对：蒋鸣亚
责任印制：彭海波
出版发行：广东科技出版社
（广州市环市东路水荫路11号 邮政编码：510075)
销售热线：020-37607413
http：//www.gdstp.com.cn
E-mail：gdkjbw@nfcb.com.cn
经 销：广东新华发行集团股份有限公司
排 版：广东科电有限公司
印 刷：佛山市浩文彩色印刷有限公司
（南海狮山科技工业园A区 邮政编码：528225）
规 格：787 mm×1 092mm 1/16 印张7.75 字数185千
版 次：2011年4月第1版 2019年1月第2版
2022年6月第7次印刷
定 价：26.00元

前　言

目前，汽车教材中介绍汽车维修操作技能实训方面的不多，而且现有的实训教材都只是提纲式地大概罗列操作顺序，并没有具体的操作和检测方法等规范标准，尤其对各项目的操作步骤、检测方法、技术要求、操作中容易出现的问题等的介绍欠详细和深入，甚至有些训练项目现今已被新的技术所替换而不复存在。例如，汽油机用的化油器已被电喷燃油供给系统所取代；机械式燃油泵改为电动燃油泵；机械式的变速器改为电控的自动变速器；汽车用发电机由原来有电刷的发电机改为无刷发电机；传统的点火系也已被电子控制的点火系所取代；柴油机废气检测也由原来的烟度计检测仪改为用不透光检测仪来检测。根据以上的实际，与国家职业技能鉴定大纲中要求中级汽车修理工掌握的操作技能训练的各个项目对比，本教材立足于取新除旧，逐一详细将有关的项目进行论述，以供学员作为技能强化训练之用，旨在指导参加汽车维修中级工技能实训的学员掌握各实训项目的操作方法和要领，以沉着应对操作技能实训的考试。

编著者

2018年12月

目　录

第一章　零部件检修

第二章 故障诊断与排除

第一章 零部件检修

第一节 发 动 机

一、检查曲轴轴向间隙

（一）操作步骤

曲轴轴向间隙又称曲轴的端隙。把曲轴装到气缸体上后，应检查曲轴轴向间隙的大小。间隙过小，会使机件因热膨胀而卡死；间隙过大，将导致曲轴发生轴向窜动，加速气缸的磨损。轴向间隙的检查有如下两种情况：

1. 发动机不解体情况下的检查

（1）拆下飞轮壳底盖。

（2）将百分表座固定在飞轮壳上。

（3）调整磁性表座架连接杆，使百分表触头抵触飞轮的外平面，给以1 mm左右的顶压量，然后转动表盘使表针指在“0”位上，如图1-1-1（a）所示。

（4）用撬棒在曲轴主轴承座与曲臂之间前后撬动曲轴，百分表指针的摆动值即为曲轴轴向间隙。

2. 发动机解体情况下的检查

将气缸体倒置，用撬棒前后撬动曲轴，再用厚薄规在止推轴承处曲轴臂与止推垫圈之间进行测量，如图1-1-1（b）所示。

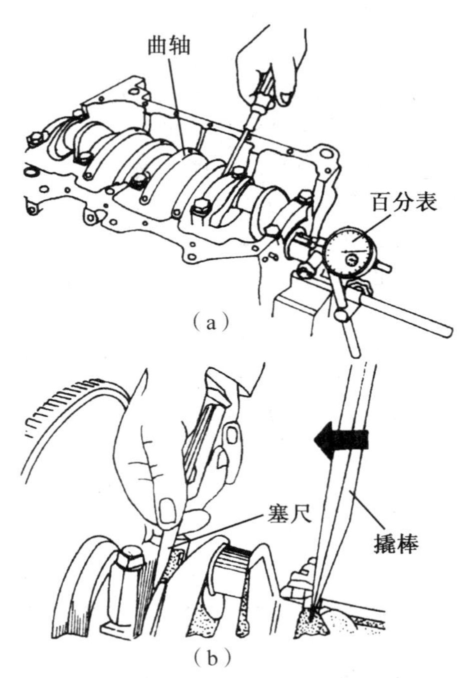

图1-1-1 检查曲轴轴向间隙

（二）技术要求

曲轴轴向间隙一般为0.08 ~ 0.20 mm，使用极限为0.30 mm。如果实际间隙值不符合要求，则应通过更换或修正止推垫圈进行调整。

二、检查曲轴连杆轴承间隙

（一）操作步骤

（1）拆下发动机油底壳。

（2）拆下被检查的曲轴轴承盖。

（3）擦净曲轴及轴承上的润滑油。

（4）根据轴颈长度剪下一段专用塑料测隙规，按与曲轴轴线平行的方向将塑料测隙规规放在轴承盖上，如图1–1–2所示。

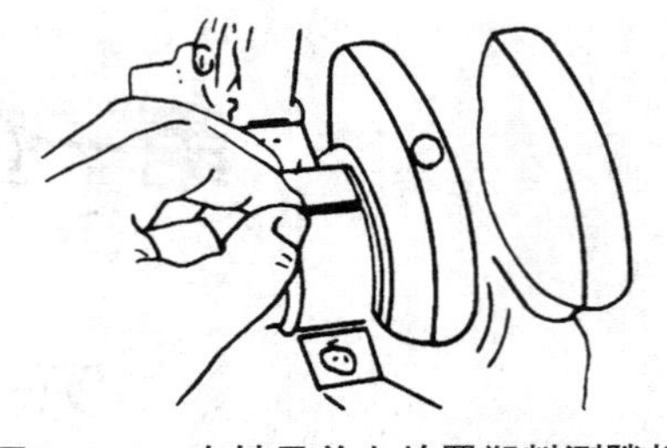

图1–1–2 在轴承盖上放置塑料测隙规

（5）装上轴承盖，并按规定扭矩（50 N · m）拧紧轴承盖上的螺栓，如图1–1–3所示。注意：拧紧时不可转动曲轴，以防损坏测量间隙的塑料测隙规。

（6）拆下轴承盖，用千分尺测量塑料测隙规的厚度，该厚度即为配合间隙。也可用塑料测隙规读取间隙值，如图1–1–4所示。

图1–1–3 拧紧曲轴轴承盖上的螺栓

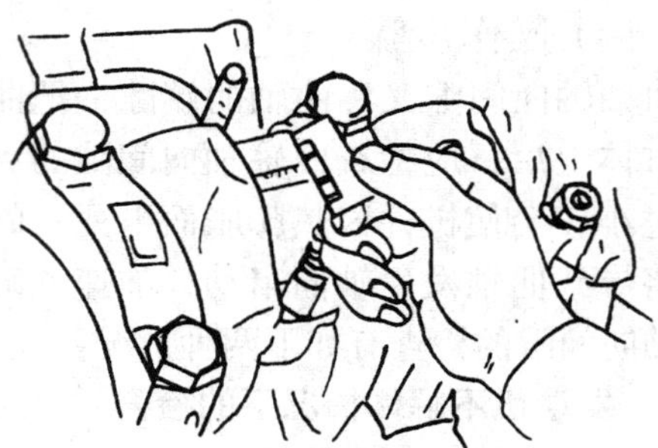

图1–1–4 用测隙规检查轴承间隙

（7）装回轴承盖，并按规定扭矩拧紧轴承盖上的螺栓。

（8）安装发动机油底壳。

（二）技术要求

发动机连杆轴承间隙值应符合原厂家技术标准。部分车型发动机连杆轴承间隙标准如表1–1–1所列。

表1–1–1 部分车型发动机连杆轴承间隙值

车　型	发动机连杆轴承间隙/mm	使用极限/mm
解放CA6102型载货汽车发动机	0.036 ~ 0.088	0.15
富康DC7140型轿车发动机	0.03 ~ 0.06	0.08
北京2023S型越野汽车发动机	0.04 ~ 0.106	0.15
长安SC1010微型载货汽车发动机	0.02 ~ 0.04	0.08
捷达轿车发动机	0.03 ~ 0.06	0.08
奥迪100型轿车发动机	0.02 ~ 0.06	0.12
解放CA1046型载货汽车发动机	0.019 ~ 0.077	0.15
东风EQ1092型载货汽车发动机	0.026 ~ 0.084	0.15
天津夏利TJ7100型轿车发动机	0.02 ~ 0.07	0.10
江西五十铃NHR型柴油发动机	0.029 ~ 0.066	0.10
6135型柴油发动机	0.06 ~ 0.132	0.25

三、检测曲轴主轴颈与连杆轴颈

（一）操作步骤

（1）用外径千分尺进行。在轴颈的上、中、下3点且互成90° 的部位进行测量，在每一个截面上沿曲柄方向量出其最小直径，垂直方向量出其最大直径（允许测量误差：0.015 mm，表面粗糙度：1.6 μm）。如图1–1–5所示。

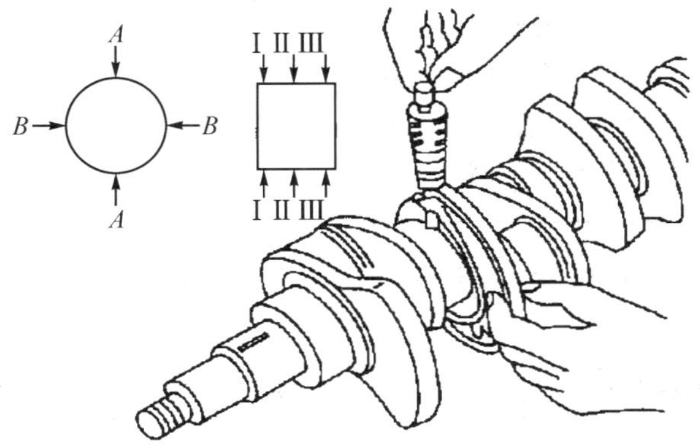

图1–1–5　轴颈圆度和圆柱度测量

（2）测量出6个数值进行计算。同一横截面上所测得的最大与最小直径差值之半即为该截面的圆度误差，同一轴颈上各截面所测得的圆度误差进行比较，取大者作为该轴颈的圆度误差；同一轴颈上任意截面所测得的最大与最小直径差值之半即为该轴颈的圆柱度误差。其误差应不大于规定值。

（二）技术要求

（1）轴颈直径＜80 mm时，其圆度和圆柱度误差应≤0.025 mm；轴颈直径≥80 mm时，其圆度和圆柱度误差应≤0.040 mm。

（2）修理尺寸是根据曲轴连杆轴颈前一次的修理尺寸、磨损程度和磨削余量来决定的，以最大直径为准。修理尺寸除标准外，一般有四级修理尺寸（旧标准六级），以0.25 mm为一级，在标准尺寸基础上逐级递减。

（三）容易出现的问题

（1）测量脚接近工件时应用旋转棘轮盘操作，直到棘轮发出“咔咔”声音为止。

（2）选择互成90° 的测量位置不够准确。

四、检测曲轴位置传感器

曲轴位置传感器是喷射和点火系统的重要传感器。发动机ECU是通过曲轴位置传感器感知曲轴（或活塞）运行位置与发动机转速的信息，所以它可以控制喷油，计算每次循环喷油量和点火器何时工作，而有些公司的设计更特别，当发动机在接收到曲轴位置传感器脉冲信号前是不会向点火线圈正极提供电能的。

（一）磁脉冲式曲轴位置传感器的检测（皇冠2ZJ–GE型发动机）

如图1–1–6所示为丰田皇冠3.0轿车2JZ–GE发动机曲轴位置传感器与ECU的连接电

路图。

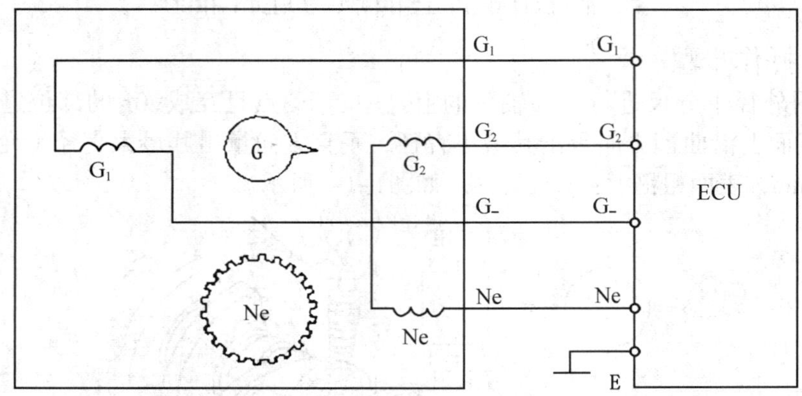

图1-1-6　曲轴位置传感器与ECU的连接电路

1. 传感器的电阻检测

将点火开关关闭，拔下曲轴位置传感器上的插接器，用万用表的电阻挡测量曲轴位置传感器上各端子间的电阻，电阻值应符合表1-1-2的规定。如电阻值不在规定的范围内，说明传感器有故障。不同类型的汽车，其传感器的电阻值可有不同。

表1-1-2　曲轴位置传感器的电阻值

机型	端子	条件	电阻/Ω
2ZJ-GE	G1-G_	冷态	125～200
		热态	160～235
	G2-G_	冷态	125～200
		热态	160～235
	Ne-G_	冷态	155～250
		热态	190～290

2. 传感器输出信号的检测

应采用指针式万用表，并将万用表选择开关转至1 V左右的直流电压挡位置。拔下曲轴位置传感器上的插接器，当发动机转动时，用万用表的电压挡检测曲轴位置传感器上G1-G_、G2-G_、Ne-G_端子间是否有脉冲电压信号输出。如没有脉冲电压信号输出，说明传感器有故障。

对于安装在分电器内的电磁感应式曲轴位置传感器，除了可用发动机电机带动曲轴转动来测量外，也可以将分电器拆下，用手转动分电器轴，同时用万用表电压挡测量传感器有无输出电脉冲。若测转动分电器轴时万用表指针没有摆动，说明传感器有故障。或用示波器测量电磁感应式位置传感器输出电脉冲波形。用示波器测量电磁感应式位置传感器输出电脉冲波形时，应将示波器与电磁感应式位置传感器线束中输出信号的导线连接，并在电控装置处于工作状态下进行测量。例如测量曲轴位置传感器输出电脉冲时，应在发动机运转中进行，测量车速传感器输出电脉冲波形时，应在汽车行驶过程中进行。各种电磁感应式位置传感器输出电脉冲的波形基本相同，如脉冲波形过于平缓，或有间断，说明传感器有故障。

3．传感器线圈与信号转子的间隙检测

用厚薄规检查信号转子与传感器线圈凸起之间的空气间隙，其间隙为0.2～0.4 mm。若间隙不符合要求，则需要调整或更换。

（二）霍尔效应式曲轴位置传感器的检测

霍尔效应式曲轴位置传感器是利用霍尔效应的原理，产生与曲轴相对应的电压脉冲信号的。它是利用触发叶片或轮齿改变通过霍尔元件的磁场强度，从而使霍尔元件产生脉冲的霍尔电压信号，经放大整形后即为曲轴位置传感器的输出信号。霍尔效应式曲轴位置传感器的检测方法有一个共同的特点，即主要通过测量有无输出脉冲信号来判断其工作性能是否良好。

图1–1–7a所示为北京切诺基的霍尔效应式发动机曲轴位置传感器和连接器端子位置。其中一条是ECU向传感器加电压的电源线，输入传感器的电压为8 V；另一条是传感器的输出信号线，当飞轮齿槽通过传感器时，霍尔效应式曲轴位置传感器输出脉冲信号，高电位为5 V，低电位为0.3 V；第三条是通往传感器的接地线。曲轴位置传感器接头如图1–1–7b所示。

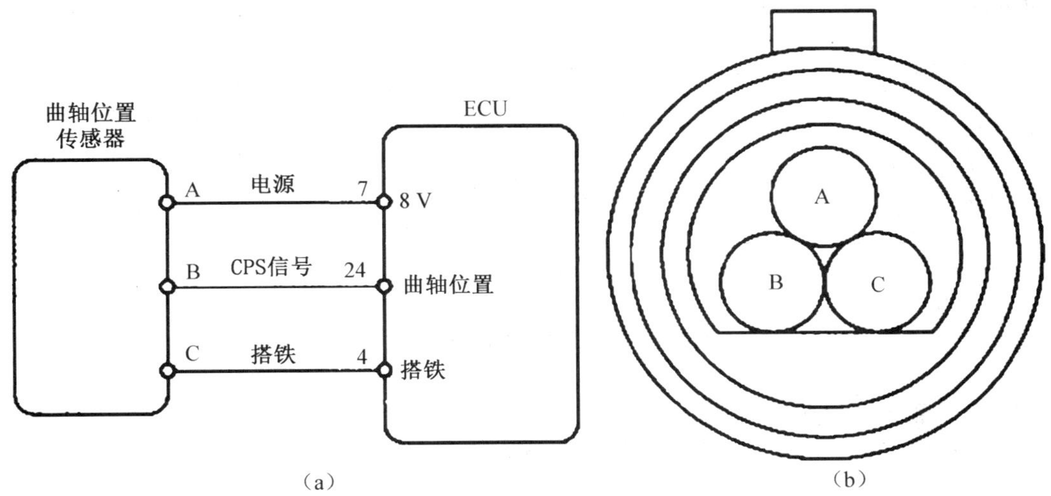

图1–1–7　霍尔效应式发动机曲轴位置传感器和连接器端子位置

1．传感器的电阻检测

将点火开关置于“OFF”位置，拔下曲轴位置传感器导线连接器，用万用表Ω挡跨接在传感器的端子A–B或A–C间，此时万用表显示读数为无穷大（开路），如果指示有电阻，说明传感器有故障。

2. 传感器的电源电压的检测

将点火开关置于“ON”位置，用万用表电压挡测量ECU的7号端子，电压应为8V，在传感器导线连接器A端子处测量电压也应为8 V，否则为电源线断路或接头接触不良。

3. 传感器端子间电压的检测

用万用表电压挡对传感器的ABC三个端子进行检测，当点火开关置于“ON”时，A–C端子间的电压值约为8V；B–C端子间的电压值在发动机运转时，在0.3～5 V变化，且数值显示呈脉冲性变化，最高电压为5 V，最低电压0.3 V，否则说明传感器有故障。或用示波器测量装在分电器内的霍尔效应式曲轴位置传感器，应在传感器线束插头连接良好的状态下，将示波器测头与传感器线束中信号输出导线连接，并在发动机运转过程中或用起动机带动发动机曲轴转动的同时，测量传感器输出电脉冲的波形。霍尔效应式位置传感器的输出电脉冲波形为方形波。

（三）光电式曲轴位置传感器的检测

如图1–1–8所示为韩国现代SONATA汽车光电式发动机曲轴位置传感器内部电路图及检测图。

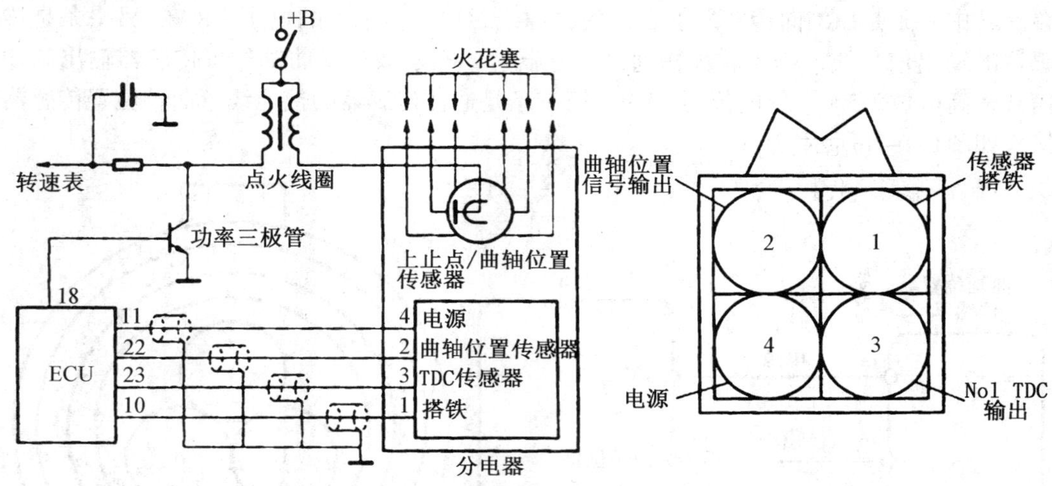

图1–1–8　光电式发动机曲轴位置传感器内部电路图及检测图

1. 曲轴位置传感器线束的检测

拔下曲轴位置传感器上的插接器，打开点火开关，但不启动发动机，用万用表的电压挡测量线束4号端子与搭铁间的电压应为12 V，线束侧2号端子和3号端子与搭铁间电压应为4.8～5.2 V，用万用表的电阻挡测量线束侧1号端子与搭铁间应为0 Ω（导通）。若不符合，应检查连接线路。若连接线路正常，说明传感器有故障。

2. 曲轴位置传感器输出信号的检测

插接好传感器，用万用表电压挡检测传感器3号端子和1号端子的电压，在启动发动机时，电压应为0.2～1.2 V。在起动发动机后的怠速运转期间，用万用表电压挡检测2号端子和1号端子电压应为1.8～2.5V，否则说明传感器有故障。

五、检测气缸压缩压力

活塞到达压缩行程上止点时，气缸压缩压力的大小可以反映气缸密封性的好坏。测量气缸压缩压力，通常使用机械式压力表。

（一）操作步骤

（1）组装好气缸压力表。检查发动机的润滑油质和量是否恰当，水是否充足。

（2）启动发动机，使冷却水温度达75～85 ℃后熄火。

（3）拆除空气滤清器。

（4）清理火花塞周围的脏物后拆下全部火花塞（喷油器）。

（5）设置节气门和阻风门于全开位置。如果是电喷发动机，还应将所有喷油器的电线束拆下，以免喷油。

（6）把专用气缸压力表的锥形橡胶接头紧插入被测缸的火花塞（喷油器）孔内，用手扶正、压紧不漏气，如图1–1–9所示。

（7）用起动机以100～150 r/min的转速带动曲轴约转动5圈，应有4个压缩行程以上（时间3～5 s），待压力表指针指示稳定并保持最大压力读数时停止转动。

（8）取下气缸压力表记下读数；按下放气阀，使压力表指针复零。

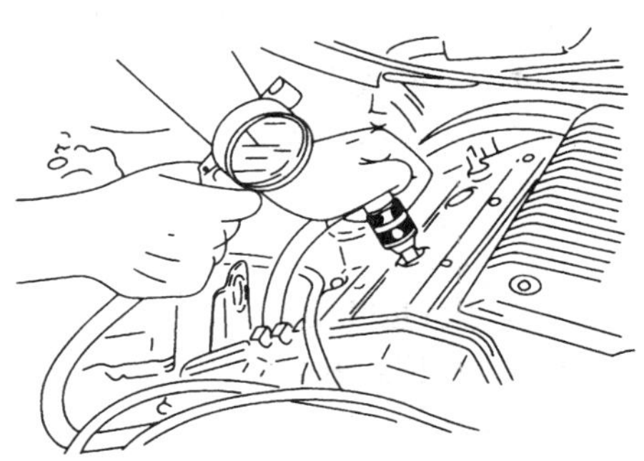

图1–1–9 气缸压力的检测

（9）按上述方法依次测量各缸压力，并将测量值记录在记录单（表1–1–3）上。每个气缸测量两次，取最大值。

表1–1–3 气缸压力记录单

序号	缸数					
	1	2	3	4	5	6
第1次						
第2次						

（二）技术要求

（1）各缸的压力值应符合原厂技术标准，不能低于规定压力值的95%。

（2）各缸压力差，汽油机不超过各缸平均压力的5%，柴油机应不超过8%。

（三）测量结果分析

（1）检测结果大于规定值，表明燃烧室积炭过多或气缸衬垫过薄、缸体与缸盖接合平面磨损过多。气缸压力过大，会影响发动机的使用寿命。

（2）检测结果小于规定值，可先向该缸火花塞（喷油器）孔内注入少量润滑油，然后重测气缸压力。如果第2次测量值比第1次高，并接近规定值，表明气缸、活塞、活塞环磨损过大或活塞环对口、断裂、卡死及缸壁拉伤等原因造成气缸密封不良。如果第2次测量值仍达不到规定值，表明进（排）气门或气缸衬垫密封不良。

（四）注意事项

（1）对于电子点火式发动机，应将插接在分电器盖上的中心高压线拔掉，并将其接地，以防电子元件被高压电击坏。

（2）对于装有燃油切断电磁阀的，应拆开燃油切断电磁阀接插件。

（3）启动发动机时，连续启动应≤5 s，两次启动发动机的时间间隔应≥30 s。

（五）容易出现的问题

（1）发动机未预热就进行测试。

（2）测量时没有将节气门和阻风门全开。

（3）压力表未能紧插入火花塞孔。

（4）未能按下压力表放气阀就重复测量。

（5）不懂得压力单位MPa（兆帕）。

六、检修气缸盖

（一）翘曲变形的检测

（1）用棉纱和扁铲清洁气缸盖下平面。

（2）检查气缸盖下平面，将刀口尺放在工作平面上，用塞尺配合，在横向、纵向、对角线方向各选两个部位进行测量。

（3）侧立刀口尺，用塞尺测量，在如图1-1-10所示的6个位置上，测量刀口尺与气缸盖下平面之间的最大间隙值。

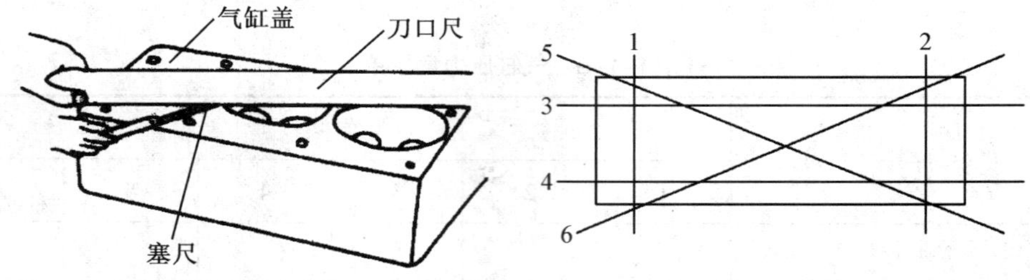

图1-1-10　气缸盖翘曲变形的检测

（4）以6个测量部位中的最大值为气缸盖下平面的平面度误差。

（二）技术要求及维修方法

（1）平面度误差每50 mm × 50 mm范围内应≤0.05 mm，纵向≤0.20 mm，横向≤0.05 mm。

（2）解放CA6102型发动机气缸盖各平面的平面度允许误差为0.10 mm。

（3）气缸盖下平面变形量超标可用“互研法”：在缸体与缸盖间均匀涂抹研磨砂，往复推拉气缸盖，使之互研。

（4）螺纹孔周边凸起处可用“锉磨法”：用细平锉锉平，再用油石修磨平整。

（5）气缸盖平面变形量<0.20 mm，可用“磨铣法”：用机床磨削或铣削，磨铣量≤0.40 mm。

（三）燃烧室容积的检查

（1）将研磨好的气门安装到气缸盖上，拧紧火花塞。

（2）使燃烧室向上，将气缸盖平置在平台上（两侧等高垫起）。

（3）用玻璃片覆盖在燃烧室上且留一小空隙。

（4）用注射器向燃烧室内注入液体，当液面高度正好达到玻璃片时即停止注入。再将注入燃烧室的液体全部放入量杯中，则测得的体积即为燃烧室容积。

（四）燃烧室容积技术要求及维修方法

（1）解放CA6102型发动机气缸盖燃烧室容积为125 mL。

（2）修理后燃烧室容积不小于标准容积的95%。

（3）同一台发动机各缸燃烧室容积差<4 mL。

（4）燃烧室容积不符合标准时可用磨削的方法扩大其容积。

七、检修气缸体

气缸体磨损规律是纵向磨成上大下小的圆锥形，横向磨成不规则的椭圆形，而且是进气门对着的缸壁处磨损最大，如图1-1-11所示。对整台发动机而言，边缘两缸磨损量最大（因其冷却效果差）。

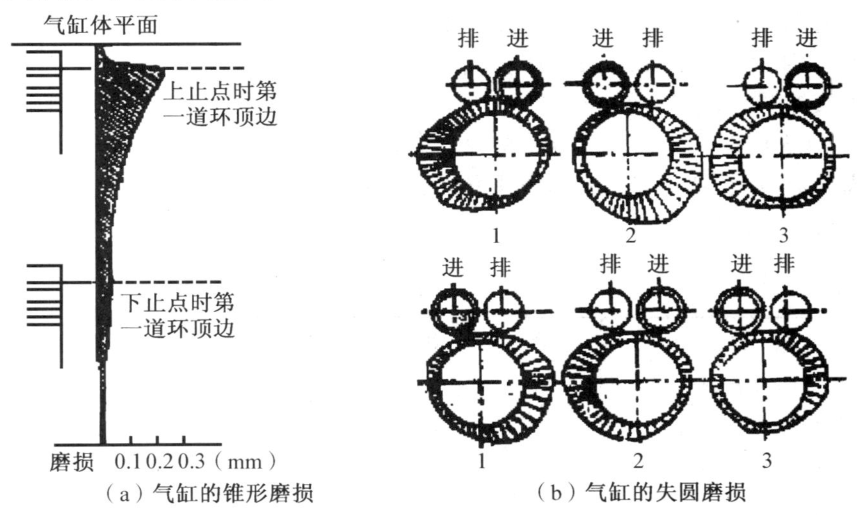

（a）气缸的锥形磨损　　（b）气缸的失圆磨损

图1-1-11　气缸的磨损规律

（一）测量气缸体上平面的平面度

（1）用棉纱和扁铲清洁气缸体上平面。

（2）检查气缸体上平面，将刀口尺放在工作平面上，用塞尺配合，在横向、纵向、对角线方向各选两个部位进行测量。

（3）侧立刀口尺，用塞尺测量6个位置上测量刀口尺与气缸盖下平面之间的最大间隙值。

（4）以6个测量部位中的最大值为气缸盖下平面的平面度。

（二）平面度的技术要求及维修方法

（1）不平度每50 mm × 50 mm范围内≤0.05 mm，纵向≤0.20 mm，横向≤0.05 mm。

（2）解放CA6102型发动机气缸体上平面的平面度允许误差为0.10 mm。

（3）气缸体上平面变形量超标可用“互研法”：在缸体与缸盖间均匀涂抹研磨砂，往复推拉气缸盖，使之互研。

（4）螺纹孔周边凸起处可用“锉磨法”：用细平锉锉平，再用油石修磨平整。

（5）气缸体上平面变形量在0.20 mm以内，可用“磨铣法”：用机床磨削或铣削，磨铣量<0.40 mm。

（三）校对量缸表

（1）选择合适的测杆固定在量缸表下端。用千分尺校对量缸表，数值为所测气缸的公称尺寸，公称尺寸为原厂标准（CA车为100 mm）。

（2）测杆需有2 mm预压量（百分表弹珠），旋转表盘令指针对零位。

（四）测量气缸直径

（1）清洁气缸内表面。

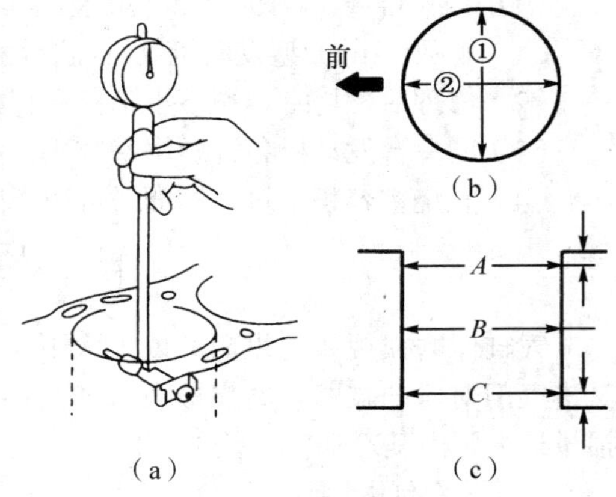

图1-1-12　气缸体测量

（2）在气缸体内，使用量缸表在活塞环工作区域内，用两点测量法测量。气缸体测量步骤如图1-1-12所示。在上、中、下3个平面量度尺寸，再在同一平面与长轴成90° 处测量另3个平面的尺寸，共6个数据，并做好记录。

在离气缸最低点向上35 mm处的部位测量气缸纵向、横向尺寸，此为该气缸标准公称尺寸（见表1-1-4）。

表1-1-4　气缸体测量数据

位　置	纵向①	横向②
上部（A）/mm	100.11	100.12
中部（B）/mm	100.04	100.08
下部（C）/mm	100.02	100.03
圆度误差/mm	0.02	
圆柱度误差/mm	0.05	

注：①、②见图1-1-12（c）所示。

（3）误差计算方法。

圆度误差（在同一横截面内取值）：

（最大直径-最小直径）÷ 2 =（100.08-100.04）÷ 2=0.02

圆柱度误差（在气缸壁上下处取值）：

（最大直径–最小直径）÷2=（100.12–100.02）÷2=0.05

（五）技术要求

（1）对汽油机，气缸直径的圆度误差≤0.05 mm，圆柱度误差≤0.20 mm；对柴油机，气缸直径误差≤0.063 mm，圆柱度误差≤0.25 mm。

（2）气缸直径磨损应≤0.20 mm，以最大直径为准。除标准外，一般修理尺寸有四级：一级0.25 mm、二级0.50 mm、三级0.75 mm、四级1.00 mm。同一缸体的各个气缸均应为同一级修理尺寸，以最大直径为准。

（3）若气缸圆度、圆柱度、最大磨损没有超出标准，但缸壁有严重拉花痕迹、沟槽或麻点，则都应该进行镗缸修复。

1）确定修理尺寸。

最小加工尺寸=最大气缸磨损直径+加工余量。

修理尺寸是在标准尺寸基础上以0.25 mm为一级递增，选取仅少于最小加工直径而又是最大的直径尺寸。如：最小加工尺寸=100.12+0.20=100.32（mm）。

2）维修尺寸。

标准气缸直径为100.0 mm，选大两级为100.5 mm。

（六）容易出现的问题

（1）测量时测杆与中心线不够垂直。

（2）选择上、中、下3点测量位置不够准确。

八、拆装与检查正时带

（一）拆卸凸轮轴

（1）使发动机处于维修工作台上，先后依次拆下空调压缩机传动带、空调压缩机、发电机传动带。

（2）拆下正时带上防护罩。

（3）转动曲轴使皮带轮上的标记对准第1缸上止点的标记，此时凸轮轴正时齿形皮带轮上的标记也必须对准正时齿形皮带防护罩上的箭头。

（4）拆下曲轴皮带轮及正时齿形皮带中间防护罩。

（5）拧开张紧轮螺栓，松开半自动张紧轮，从凸轮轴正时齿形皮带轮上拆下正时齿形带。

（6）用撬板抵住带轮轮辐，用扭力扳手拧松凸轮轴前端螺栓并取下。

（7）用拉力器取下凸轮轴带轮，取下前油封。

（8）拆下气门罩盖，取下挡油罩。再拆下凸轮轴正时齿形皮带轮，从凸轮轴上取下半圆键。

（9）先拆下第1、3、5号轴承盖，然后对角交替松开第2、4号轴承盖，取下轴承盖，按次序摆放。

（10）取下凸轮轴。

（二）安装凸轮轴

安装凸轮轴前应更换凸轮轴油封。安装凸轮轴时，第1缸的凸轮必须朝上。安装轴承盖时，要保证孔的上下部分对准。

（1）将凸轮轴轴承座涂抹上润滑油。

（2）将凸轮轴用棉纱擦拭干净，轴颈及凸轮涂抹润滑油后安装到轴承座上。

（3）轴承盖上涂抹润滑油并安装到位，按先中间后两边的次序分两次按规定扭矩将轴承盖螺栓拧紧。交替对角拧紧第2、4道轴承盖，拧紧扭矩为20 N·m。

（4）安装5、1、3号轴承盖，拧紧扭矩为20 N·m。

（5）将油封唇部涂抹润滑油并安装到位。

（6）将半圆键安装到凸轮轴上，安装凸轮轴正时齿形皮带轮，用活动扳手手柄抵住轮辐，按规定扭矩（100 N·m）拧紧前端螺栓。

安装好凸轮轴后，发动机在约30 min之内不得启动，以便液压挺柱的补偿元件进入状态，否则气门将敲击活塞。

在对配气机构进行过拆装后，应小心地转动曲轴至少两周，以防止发动机启动时敲击气门。

（三）对正标记安装齿形带

（1）拆下发动机正时齿形带罩，转动凸轮轴正时齿轮上的标记与气门室罩盖平面对齐，如图1–1–13所示，或如图1–1–14所示，与同步带轮标记对齐。

（2）将曲轴V带上止点记号与中间轴齿轮上的记号对齐，如图1–1–15所示。

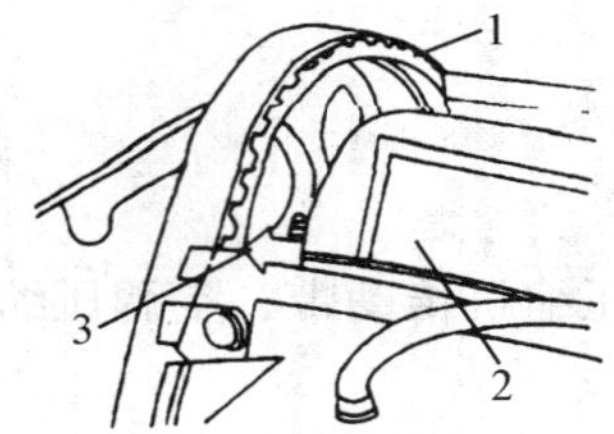

图1–1–13　凸轮轴同步带轮标记

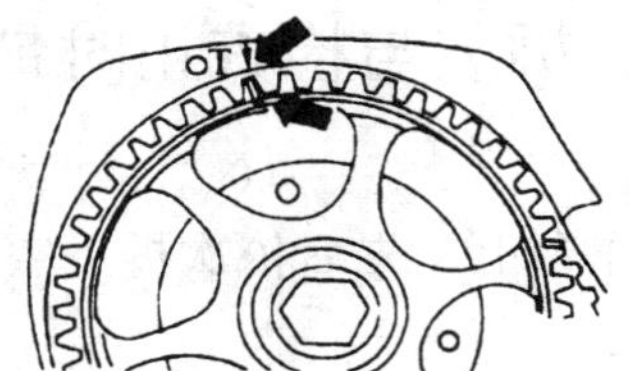
图1–1–14　第1缸上止点位置同步带轮标记

图1–1–15　第1缸上止点位置同步带轮标记

（3）安装齿形带，将非张紧轮侧拉紧。

（4）松开发动机张紧轮的锁紧螺栓，用专用工具转动张紧轮，用拇指和食指捏住凸轮轴齿带轮和曲轴齿带轮中间的正时齿形带，用力翻转时，正时齿形带如图1–1–16所示刚好转过90°，如转过的角度小于或大于90°，则为松紧度过松或过紧，需要调整。调整好后，按规定扭矩拧紧张紧轮螺栓。

（5）转动曲轴两圈后，看正时标记能否对正，如未对正应重新安装齿形带。

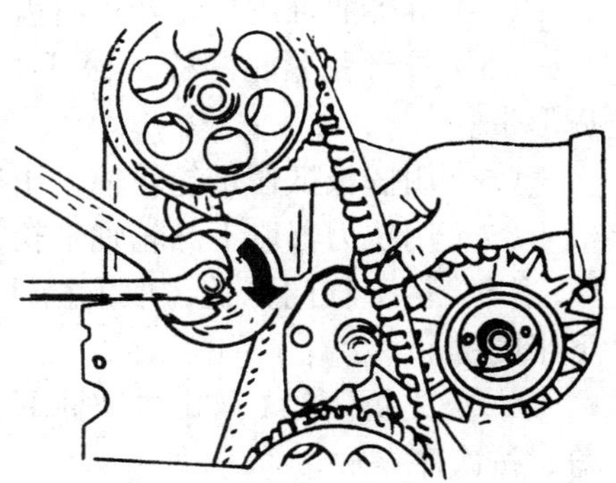
图1–1–16　齿形带松紧度的检查与调整

九、检修凸轮轴

（一）凸轮轴裂纹的检测

（1）把凸轮轴放在煤油中浸泡片刻。

（2）取出并擦净表面油膜，然后撒上白粉。

（3）用手锤敲击凸轮轴非工作面，如有明显油迹出现，则该处有裂纹。

（二）凸轮轴弯曲变形的检测

（1）如图1-1-17所示将凸轮轴安装于车床两顶针之间，或以V形铁块安放于平板上，以两端轴颈作为支点。

（2）用百分表测杆触头与中间轴颈表面接触，并缓慢转动凸轮轴一圈，测得百分表最大摆差的1/2，即为凸轮轴弯曲度。

（3）如果弯曲度超过0.05 mm，则必须对凸轮轴进行弯曲的校正。

（4）扭转一般极微小，可忽略不计。

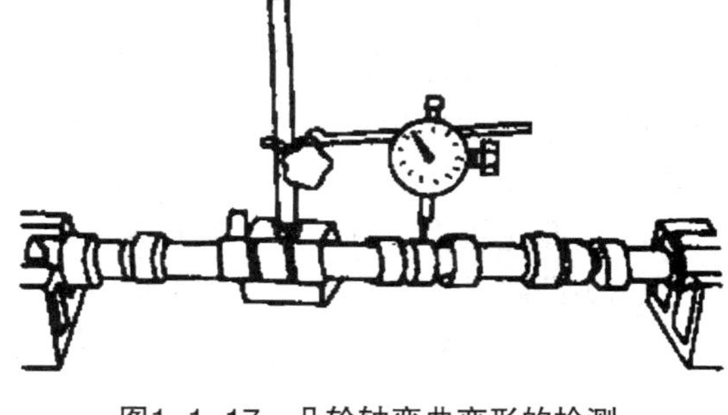

图1-1-17 凸轮轴弯曲变形的检测

（三）凸轮轴轴颈磨损的检测

（1）用外径千分尺测量轴颈直径，如图1-1-18所示。

（2）计算轴颈的圆度和圆柱度误差。

（3）检测技术标准：凸轮轴各轴颈轴线应一致，所有轴颈的圆柱度误差应≤0.01 mm；中间各支承轴颈的圆度误差应≤0.05 mm；各凸轮基圆部分的圆度误差应≤0.08 mm；安装正时齿轮轴颈的圆度误差应≤0.04 mm。

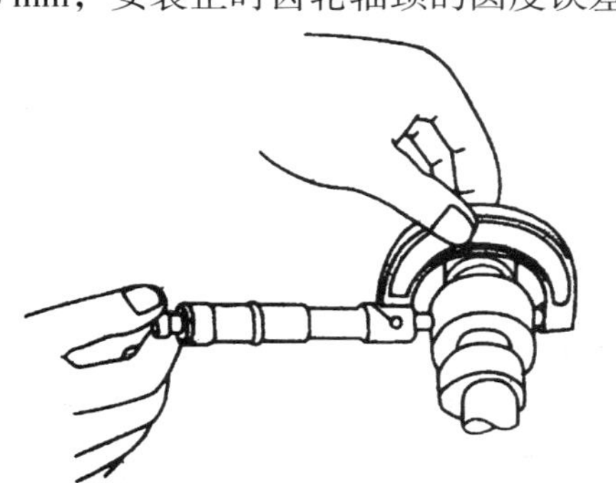

图1-1-18 凸轮轴轴颈直径的测量

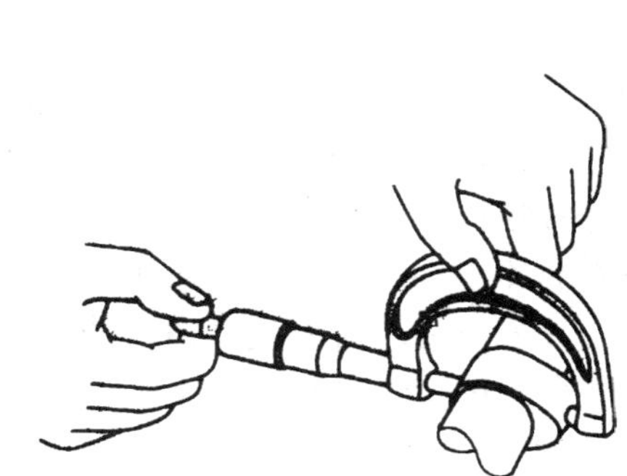

图1-1-19 凸轮升程的检测

（四）检验凸轮的磨损

凸轮的损伤形式有凸轮工作表面磨损、擦伤和点蚀（疲劳剥落）。

（1）凸轮的擦伤和疲劳剥落的检查。一般可用目视的方法，检查其表面是否有擦伤和剥落的现象。

（2）凸轮升程的检测。如图1-1-19所示，用外径千分尺测量凸轮全高，全高减去基圆，即为凸轮顶点中心线到基圆最低点距离，如果小于标准值0.50 mm，则为磨损。

（3）其他检测。凸轮进、排气门开、闭升程的极限偏差为 ± 0.05 mm；各凸轮开闭角偏差≤ ± 2°；各凸轮升程最高点对轴线的角度偏差≤ ± 1°。

（五）其他损伤的检查

（1）凸轮轴上驱动分电器及润滑油泵的传动齿轮齿厚磨损应≤0.05 mm。

（2）凸轮轴上偏心轮表面磨损应≤0.50 mm。

（3）正时齿轮键与键槽磨损应≤0.12 mm。

（4）凸轮轴装正时齿轮固定螺母的螺纹损坏不得多于2扣。

（5）止推垫块的端面跳动量应≤0.03 mm。

（六）凸轮轴损伤的修理方法

（1）中间轴颈相对于两端轴颈的径向圆跳动误差应≤0.10 mm，否则应采用冷压法校正。

（2）凸轮轴支撑轴轴颈的圆柱度误差应≤0.03 mm，否则应按级别磨轴。

（3）凸轮升程的磨损量应≤0.40 mm，否则应报废。

（4）驱动齿轮齿厚磨损及偏心轮磨损应≤0.50 mm，否则应报废。

十、更换活塞环

（一）旧活塞环的拆卸

（1）抽出测量尺，拆下测量尺导管，将缸体平卧进行拆卸。拆下润滑油盘固定螺栓，卸下润滑油盘，取出润滑油泵总成。

（2）转动曲轴使活塞处于下止点位置，再用扭力扳手及相应的套筒拆下连杆盖上的紧固螺母，取下连杆盖。

（3）用锤柄或木棒将连杆组件推出气缸。取出后，将连杆盖及连杆螺栓螺母装回连杆。

（4）用活塞环拆装钳依次拆下各个活塞环。

（二）新活塞环的装合

1. 先装组合式油环

普通油环用手直接安装，对于组合式（三片式）油环首先选择适当的油环扩张器（胀簧架或膨胀环），将它先装入油环槽内，再装上、下刮片，先将刮片一端装入活塞环槽内，利用手指将剩余部分慢慢细心地压入槽内，并使两刮油环开口互成180°，如图1-1-20所示。

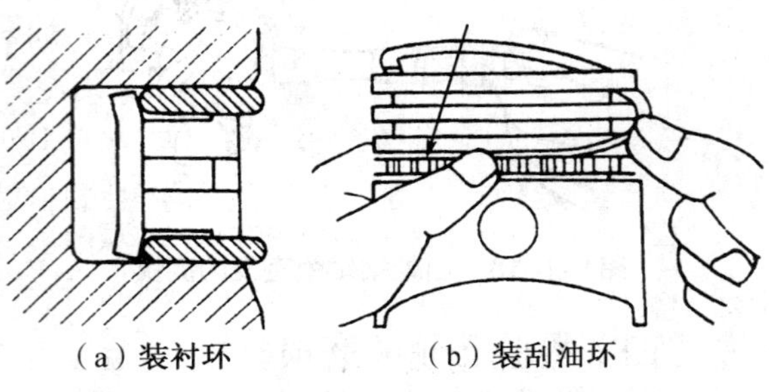

（a）装衬环　　（b）装刮油环

图1-1-20　组合式油环的装配

2. 装各道气环

将选配好的活塞环，按第3、2、1道的顺序，用活塞环拆装钳依次装入相对应的环槽中。活塞环的端部侧面有装配标记，如活塞环边有圆点、文字或数字标记的，此端面应朝向活塞顶部。有切槽的扭曲环，其内切槽应向上，外切槽应向下。

各道活塞环开口的分布：3道活塞环开口的分布互成120°，如图1–1–21所示。4道活塞环开口分布互成90°，如图1–1–22所示，其中第1、2两道环开口互成180°，且第1道气环开口必须在活塞非侧压力一方，并与活塞销轴线成45°。

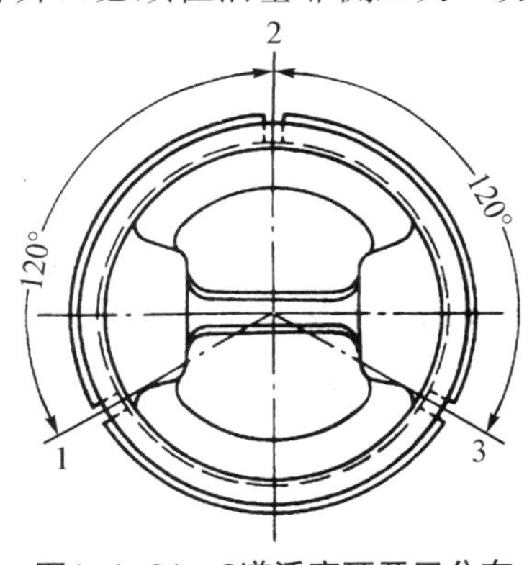

图1–1–21　3道活塞环开口分布

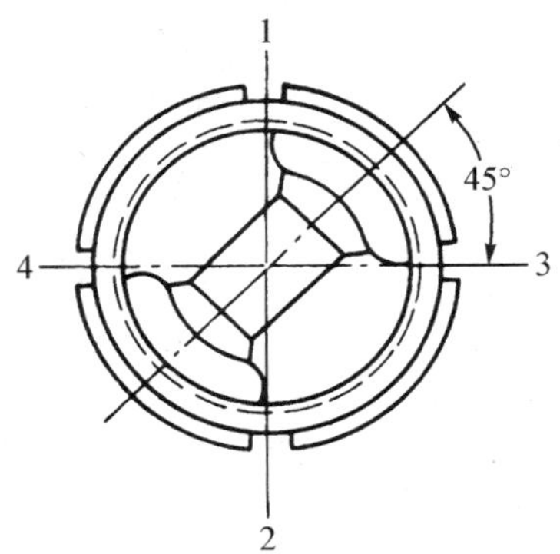

图1–1–22　4道活塞环开口分布

十一、检测电动燃油泵

应首先判断是油泵本身故障还是控制电路的故障。对控制电路而言，应判断是ECU内部故障，还是ECU外部的控制电路故障，最后进一步检测确认元件的故障。

（一）操作步骤

（1）打开燃油箱盖，将开关置于ON位置（但不要启动发动机），油泵应能运转2 s，此时可在燃油箱加油口处倾听有无油泵运转的声音。如果在打开点火开关后，能听到油泵运转3～5 s后又停止，说明控制系统各部分工作正常。

（2）若打开点火开关后听不到油泵运转的声音，则进行如下测量：蓄电池电压是否在12 V以上，拆下蓄电池负极电缆，释放燃油系统的油压，接上油压表。在重新接上蓄电池负极电缆之后，用一根短导线将故障检测插座内两个检测电动燃油泵的插孔（丰田车是Fp与+B两个插孔）短接，若只有一个检测插孔的则将其搭铁。此时打开点火开关（不要启动发动机），如果能听到油泵运转的声音，说明ECU外部的油泵控制电路工作基本正常，故障在ECU内部或继电器；若仍听不到油泵运转的声音，可用手捏住汽油软管应感到输油压力，否则为ECU外部的控制电路故障，此时应检查熔丝、继电器及电动燃油泵是否有损坏，各电路有无断路或接触不良。

（3）电动燃油泵总成的检测。用万用电表电阻挡测量油泵上两个接线端子间的电阻，即为电动汽油泵直流电动机线圈的电阻，阻值应为2～3 Ω。

（4）检测电动燃油泵压力。将燃油压力表接在燃油管路上，并堵住出油口，如图1–1–23所示。短接电动燃油泵，打开点火开关，不启动发动机使汽油泵运转10 s左右，此时燃油压力表的油压值即为燃油泵的最大泵油压力。

（二）技术要求

燃油泵的最大泵油压力应比发动机运转工况下的压力高出200～300 kPa，达到490～640 kPa，如达不到，应检查或更换新燃油泵。关闭点火开关5 min后，观察燃油压力表的读数，这个压力即为燃油泵的保持压力，应≥340 kPa，否则应更换燃油泵。

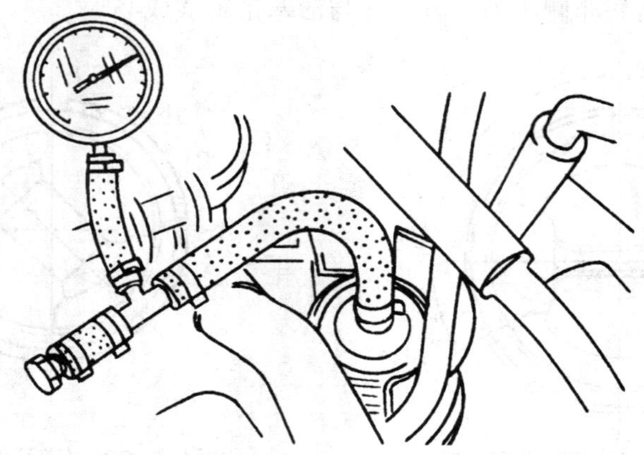

图1-1-23 电动燃油泵最大压力的测量

十二、检测空气流量计

（一）仪表使用

（1）选用高阻抗数字式万用电表。如果是很长时间没有使用的万用电表，先将万用电表置于测量交流电压挡进行充电，测量交流电压，再将万用电表置于20 kΩ电阻挡，测量万用电表内阻，应≥10 kΩ。

（2）将万用电表置于测量电阻挡合适的挡位后调整万用电表对零。

（3）对待测的物理量进行挡位选择——交直流选择、量程选择、表棒插座选择。

（二）检测过程

1. 叶片式空气流量计

叶片式空气流量计的原理图及检测如图1-1-24所示。

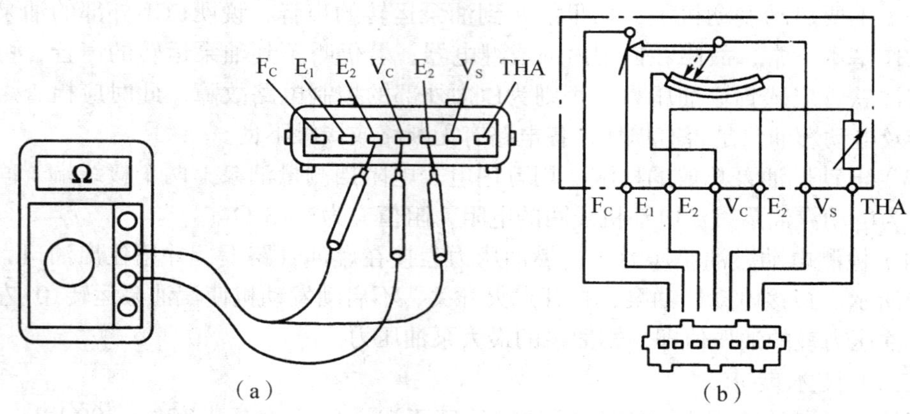

图1-1-24 叶片式空气流量计的原理图及检测

（1）电阻检测。将点火开关置于OFF位置，拔下空气流量传感器的导线连接器。用万用电表电阻挡测量空气流量计上各端子间的电阻，V_S（空气流量计信号端）与E_2（搭铁）之间电阻，叶片完全关闭时为20～600 Ω，叶片从全关闭到全开时为20～1 200 Ω，Vc（ECU输出电压端）与E_2（搭铁）之间电阻应为0.20～0.40 Ω。Ec（修正电压端）与E_2（搭铁）之间电阻值应随环境温度成反比变化。THA（进气温度信号端）与E_2（搭铁）之间电阻应为2.0～3.0 kΩ。Fc（电动燃油泵端）与E_1（搭铁）之间电阻，叶片完全关闭时断路，叶片在任何开度时均为导通。

（2）供电电压检测。拔下空气流量传感器的导线连接器。将点火开关置于ON位置，用万用电表电压挡测量Vc（ECU输出电压端）与E_2（搭铁）之间电压，应为4～6 V；V_S（空气流量计信号端）与E_2（搭铁）之间电阻，叶片全关时为3.7～4.8 V，叶片全开时为0.2～0.5 V。

（3）信号电压检测。将喷油器的线束拔下，用启动电机带动发动机转动，用万用电表电压挡测量V_S（空气流量计信号端）与E_2（搭铁）之间电压，电压值应随叶片开度的变大而变小，否则应予更换。

（4）传感器单件拆检。将点火开关置于OFF位置，拔下空气流量传感器的导线连接器。拆下与空气流量传感器进气口连接的空气滤清器，拆开空气流量传感器出口处空气软管卡箍，拆除固定螺栓，取下空气流量传感器检查。检查外部线路是否有断路、短路，检查传感器本体是否有裂纹、变形，轴是否松旷。摆动叶片总成检查应无卡滞、摆动平稳、叶片无破损现象。

用万用电表电阻挡测量E_1与Fc端子，在测量叶片关闭时，E_1与Fc端子之间不应导通，电阻为无穷大；在测量叶片开启后任一开度上，E_1与Fc端子间均应导通，电阻值为0。然后用螺丝刀推动测量叶片，同时用万用电表电阻挡测量电位计滑动触点Vs与E_2端子间的电阻，在测量叶片由全闭至全开的过程中，该电阻值应能随叶片开度的增大而呈线性连续（不允许出现跃变）增大。

2. 卡门涡旋式空气流量计

卡门涡旋式空气流量计的原理图及检测如图1-1-25所示。

（1）电阻检测。将点火开关置于OFF位置，拔下空气流量传感器的导线连接器。如图1-1-26所示，用万用电表电阻挡测量空气流量计上THA（进气温度信号

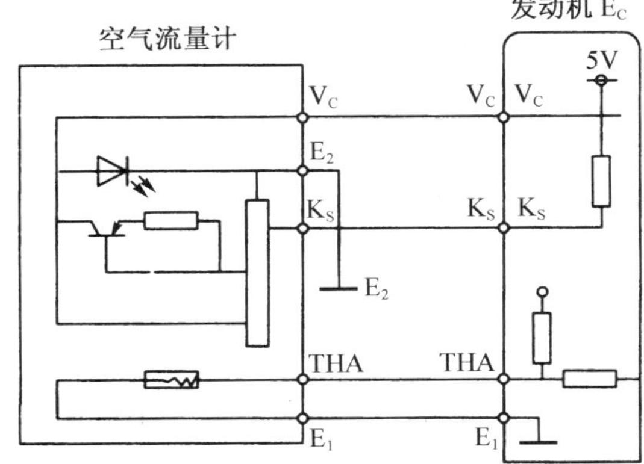

图1-1-25　卡门涡旋式空气流量计原理路

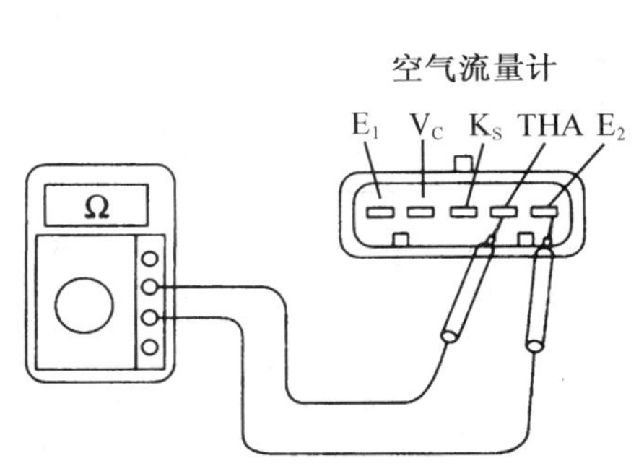

图1-1-26　空气流量计电阻检测

端）与E_2（搭铁）之间的电阻，温度20 ℃时，阻值为2～3 kΩ；温度40 ℃时，阻值为0.9～1.3 kΩ。

（2）供电电压检测。插好空气流量传感器的导线连接器。将点火开关置于ON位置，用万用电表电压挡测量Vc（ECU输出电压端）与E_1之间电压，应为4.5～5.5 V。K_S（空气流量计信号端）与E_1之间电压应为4.5～5.5 V，THA（进气温度信号端）与E_2（搭铁）之间电压为0.5～3.4 V。

（3）信号电压检测。将喷油器的线束拔下，用启动电机带动发动机转动，用示波器测量端子K_S—E_1间应有如图1-1-27所示的脉冲，否则应更换空气流量计。

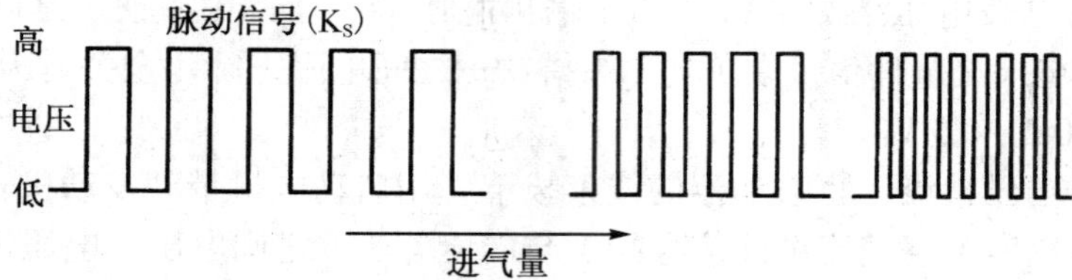

图1-1-27　卡门涡旋式空气流量计检测信号

3. 热丝式空气流量计

热丝式空气流量计与ECU的连接电路如图1-1-28所示。

（1）点火开关置于ON的位置，用万用电表电压挡测量图1-1-28所示流量计的2脚与3脚，应有约5 V的电压，4脚与搭铁间应有约12 V的蓄电池电压，否则，应检查电源电路或ECU。

（2）着车测量1脚与3脚间的电压，怠速时为1.2～1.8 V，随转速升高电压升高，发动机2 500 r/min时电压为1.6～2.2 V，否则，应更换空气流量计。

（3）经步骤（1）的方法进行检测后，如果各插脚的电压正常，但发动机无法着车或无法加速，可拆下空气滤清器，从流量计的进风口吹风，风速越高，1脚与3脚间电压应越高，否则应更换空气流量计。

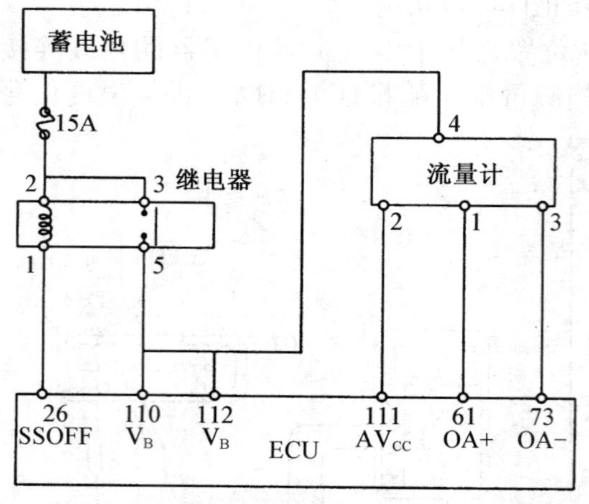

图1-1-28　热丝式流量计与ECU连接电路

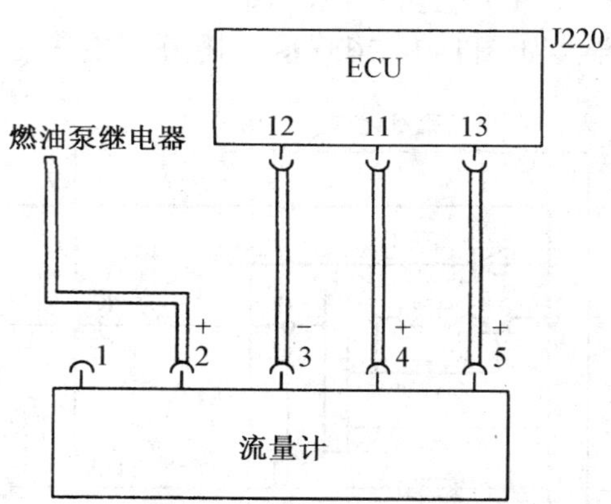

图1-1-29　热膜式空气流量计连接电路

4. 热膜式空气流量计

热膜式空气流量计与ECU的连接电路如图1–1–29所示。

（1）点火开关关闭，将插线连接器拔下，用万用电表电阻挡测量，3脚与车身搭铁之间电阻值应为0 Ω（搭铁脚）。

（2）插好导线连接器，将点火开关置于ON的位置，用万用电表电压挡测量4脚与3脚，应有5 V的电压，否则，ECU或ECU至流量计间导线有故障。

（3）着车，测量2脚与搭铁，应有约14 V的电压，否则，应检查油泵继电器至流量计导线的连接情况。

（4）用万用电表电压挡测量5脚与3脚之间的电压，发动机怠速时约1.4 V，随着转速的升高电压升高，最高转速对应的电压约为2.5 V，否则该流量计应更换。如发动机不能加速，应拆下空气滤清器，从流量计的进风口吹风，风速越高，5脚与3脚之间的电压越高，否则应更换流量计。

十三、检测进气温度传感器

1. 单件检查

拆下进气温度传感器，如图1–1–30所示，用红外线灯、电热吹风器或热水加热进气温度传感器，并测量在不同温度下传感器两接线端之间的电阻，将测得的电阻与表1–1–5比较，如与标准不符，应更换进气温度传感器。

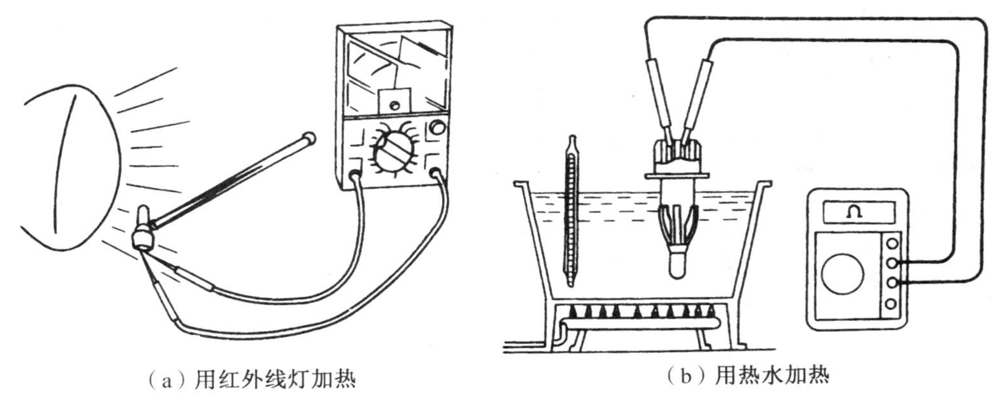

（a）用红外线灯加热　　（b）用热水加热

图1–1–30　进气温度传感器检测

表1–1–5　丰田汽车进气温度传感器检测标准

温度/℃	0	20	40	60	80
电阻/kΩ	6	2.2	1.1	0.6	0.25

2. 输出信号电压检查

将点火开关置于ON位置时，用万用电表测量进气温度传感器连接器THA与E_2端子间的电压值，在20 ℃时应为0.5 ~ 3.4 V。

十四、检测节气门位置传感器（线性）

（一）仪表使用

（1）选用高阻抗数字式万用电表。如果是很长时间没有使用的万用电表，应先将万用电表置于测量交流电压挡进行充电，测量交流电压，再将万用电表置于20 kΩ电阻挡，测量万用电表内阻，应≥10 kΩ。

（2）将万用电表置于测量电阻挡合适的挡位后调整万用电表对零。

（3）对待测的物理量进行挡位选择——交直流选择、量程选择、表棒插座选择。

（二）检测过程

线性节气门位置传感器与ECU的连接如图1-1-31所示。

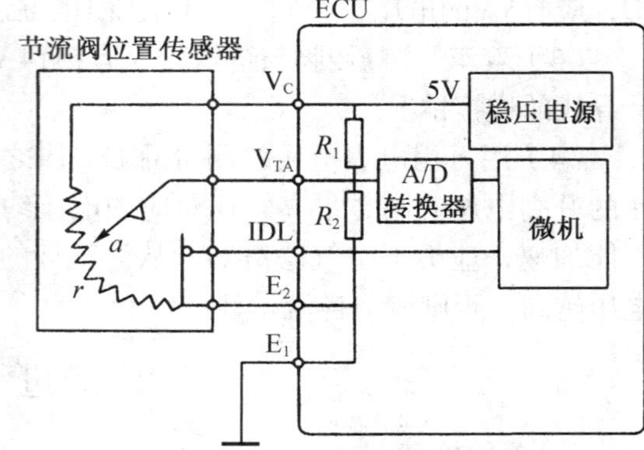

图1-1-31　线性节气门位置传感器连接电路

1. 传感器电阻检测

将点火开关置于OFF位置，拔下节气门位置传感器的导线连接器，用万用电表电阻挡测量各端子间的电阻，阻值应符合表1-1-6的技术要求规定。测量V_{TA}（节气门开度信号线）与E_2之间的电阻值，该电阻值应能随节气门开度的增大而呈线性连续（不允许出现跃变）增大（电位计可动触点接触不良使节气门开度信号时有时无，发动机加速性能时好时坏）。

表1-1-6　线性节气门位置传感器电阻正常的检测结果

节气门开度	测量端子		
	V_C—E_2/Ω	V_{TA}—E_2/Ω	IDL—E_2/Ω
全闭	3.1 ~ 7.2	0.34 ~ 6.3	0.5或更小
稍稍打开	3.1 ~ 7.2	0.34 ~ 6.3	∞
全开	3.1 ~ 7.2	2.4 ~ 11.2	∞
全闭→全开	3.1 ~ 7.2	电阻逐渐增大	∞

2. 供电电压的检测

将点火开关置于OFF位置，拔下节气门位置传感器的导线连接器，再将点火开关置于ON位置，用万用电表电压挡测量传感器各端子间电压，传感器端子导线插头一般如图1-1-32所示。Vc（ECU输出电压线）与E_2之间电压应为4.0 ~ 5.5 V。测量IDL（怠速触点信号线）与E_2之间电压，应为9 ~ 14 V。

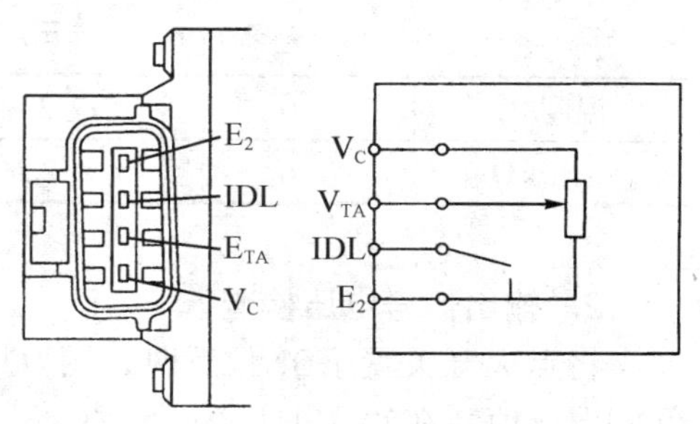

图1-1-32　线性节气门位置传感器原理

3. 信号电压的检测

插回节气门位置传感器的导线连接器，将点火开关置于ON位置。用万用电表电压挡测量V_{TA}（节气门开度信号线）与E_2之间电压，该电压能随节气门开度增大而呈线性连续（不允许出现跃变）增大，如图1-1-33（b）所示。节气门全关时为0.3～0.8 V，节气门全开时为3.2～4.9 V。

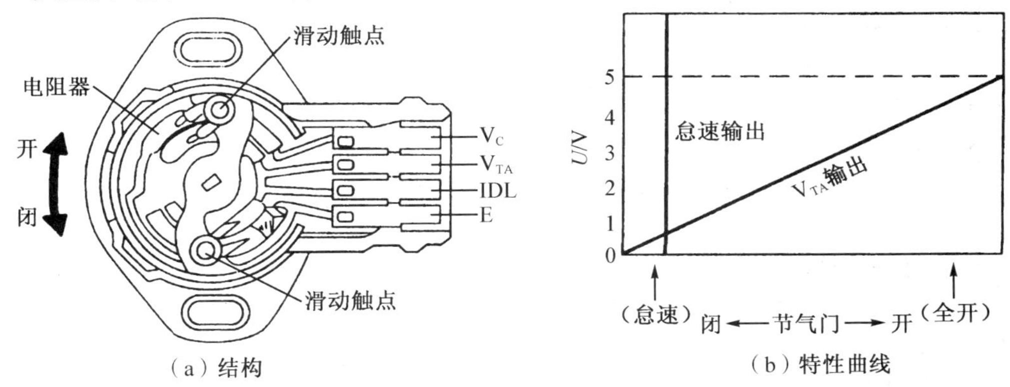

图1-1-33 线性节气门位置传感器结构与特性曲线

（三）结果分析

（1）若节气门打开时IDL与E_2仍然导通为调整触点调整不当。当节气门完全关闭时IDL与E_2不导通，则挂挡时会出现冲击现象。

（2）若V_{TA}与E_2之间接触不良，电阻值不能随节气门开度的增大而呈线性连续（不允许出现跃变）增大，则加速时发动机运转不顺畅。

（3）若Vc与E_2之间无电压输出，为ECU至传感器的电路有断路故障。

（四）传感器的调整

（1）拧松节气门位置传感器的两个固定螺钉，将厚度为0.50 mm的塞尺插入节气门限位螺钉和止动杆之间。

（2）用万用电表电阻挡测量怠速触点IDL—E_2的导通情况，此时应导通，逆时针转动节气门位置传感器，使怠速触点断开，然后按顺时针方向慢慢地转动节气门位置传感器，直到怠速触点刚闭合为止。

（3）拧紧节气门位置传感器的两个固定螺钉。分别用0.45 mm和0.55 mm的塞尺插入节气门限位螺钉和止动杆之间，同时测量怠速触点的导通情况。当塞尺为0.45 mm时，怠速触点应导通；当塞尺为0.55 mm时，怠速触点应断开。否则，应重新调整节气门位置传感器。

十五、检测发动机进气歧管真空度

检测发动机进气歧管真空度可以用来诊断气缸活塞组的磨损情况、配气机构的技术状况以及点火和供油系的调整状况。

检测前，应将点火系统和供油系统调整至正常状态，启动发动机并预热至正常工作温度，然后把真空表软管接到进气歧管上，如图1-1-34所示。保持发动机在稳定怠速下运转，即可通过真空表的读数来分析判断气缸活塞组和配气机构的技术状况。

1. 发动机密封性正常

真空表指针应稳定在50～70 kPa之间。当海拔每增加304.8 m，真空表读数相应降低3.38 kPa。发动机密封性正常读数如图1–1–34（a）所示（白针表示稳，假想黑针漂移）。

2. 气门与气门座不密封

该气门处于关闭时，真空表指针跌落3～23 kPa，而且指针有规律波动，如图1–1–34（b）所示。

3. 气门与导管卡滞

当气门处于关闭时，真空表指针为有规律地迅速跌落10～16 kPa，如图1–1–34（c）所示。

4. 气门弹簧折断或弹力不足

发动机以200 r/min转速运转，真空表指针在33～74 kPa范围内迅速摆动。某一只气门弹簧折断，指针将相应产生快速波动，如图1–1–34（d）所示。

5. 气门导管磨损

真空表读数较正常值低10～13 kPa，且缓慢地在47～60 kPa范围内摆动，如图1–1–34（e）所示。

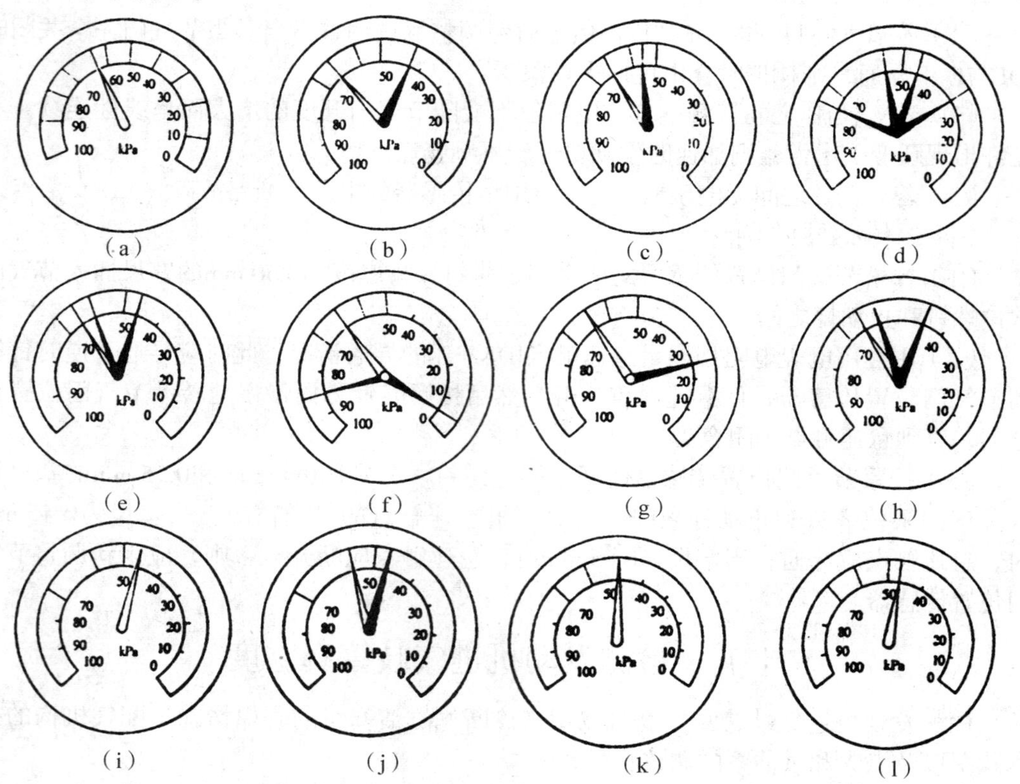

图1–1–34　真空表诊断故障的参数值

6. 活塞环磨损

发动机转速升至2 000 r/min时，突然关闭节气门，真空表指针迅速跌落至6～16 kPa；当节气门关闭时，指针不能回复到83 kPa，如图1–1–34（f）所示。当迅速开启节气门时，指针不低于6～16 kPa，则活塞环工作良好。

7. 气缸衬垫窜气

真空表读数从正常值突然跌落至33 kPa，当泄漏气缸在工作行程时，指针又恢复正常值，如图1–1–34（g）所示。

8. 混合气过稀或过浓

混合气过稀时，指针不规则跌落；混合气过浓时，指针缓慢摆动，如图1–1–34（h）所示。

9. 进气歧管衬垫漏气与排气系统堵塞

进气歧管漏气时，真空表指示值比正常值低10～30 kPa；排气系统堵塞时，发动机转速升至2 000 r/min突然关闭节气门，真空表指针从83 kPa跌落至6 kPa以下，并迅速回复至正常，如图1–1–34（i）所示。

10. 点火过迟

真空表指针稳定地指示在47～57 kPa，如图1–1–34（j）所示。

11. 气门开启过迟

真空表指针稳定地指示在27～50 kPa，如图1–1–34（k）所示。

12. 火花塞电极间隙太小或断电器触点接触不良

真空表指针缓慢地摆动在47～54 kPa，如图1–1–34（l）所示。

十六、检测怠速控制装置（怠速控制阀）

在发动机冷车启动后，用钳子垫上软布夹住怠速附加空气通道的软管，此时，发动机的转速应有明显下降，否则说明怠速附加空气通道开启或堵塞。

发动机暖机后，再用钳子垫上软布夹住怠速附加空气通道的软管，此时，发动机的转速应无明显下降，否则说明怠速附加空气通道关闭不严或不能关闭。

（一）步进电机式

步进电机式怠速电控阀可就车检查。发动机熄火时，怠速控制阀会“咔嗒”一声。如果不响，应检查ISC阀和ECU。

1. 检测怠速控制阀线圈电阻

（1）用万用电表电阻挡检测脉冲电磁阀式怠速控制阀线圈的电阻，为10～15 Ω。如有短路，应予以更换。

（2）丰田轿车发动机怠速控制阀为步进电机式，有4组线圈，每组线圈电阻值为25～35 Ω。用万用电表电阻挡检查怠速控制阀B_1～S_1，B_1～S_3，B_2～S_2和B_2～S_4 4个线圈电阻，如图1–1–35所示，均应为10～30 Ω。若电阻异常，应更换ISC阀。

2. 步进电机式怠速电控阀的通电检查

（1）将B_1和B_2端子接蓄电池正极，然后依次将S_1、S_2、S_3、S_4接蓄电池负极，此时随着步进电机的转动，怠速控制阀的阀芯将向外伸出（关闭），如图1–1–36（a）

所示。

（2）仍将B_1和B_2端子接蓄电池正极，再依次将S_4、S_3、S_2、S_1各绕组接线端接蓄电池负极，此时，步进电机将朝反方向转动，阀芯将向内缩入（应开启），如图1–1–36（b）所示。如果按上述检查时ISC阀不能关闭或打开，则应更换ISC阀。

3．脉冲线性电磁阀式怠速控制阀的就车检查

在发动机怠速运转时，拆下其线束插头，这时怠速转速应有变化。当用电压表在其线束插头上测量时，应有脉冲电信号。如有异常，则表明怠速控制阀或电控部分有故障，应检查排除或更换控制阀。

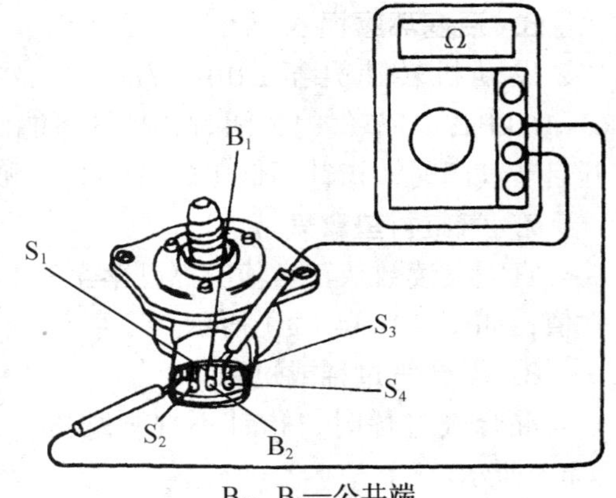

B_1、B_2—公共端
S_1、S_2、S_3、S_4—步进电机

图1–1–35　丰田皇冠3.0发动机怠速控制阀的测量

4．脉冲线性电磁阀式怠速控制阀的单件检查

脉冲电磁式怠速控制阀只有一组电磁线圈，其电阻为10～15 Ω。用万用电表在其插座上测量线圈电阻，检查有无短路或断路。如有异常，则应更换控制阀。

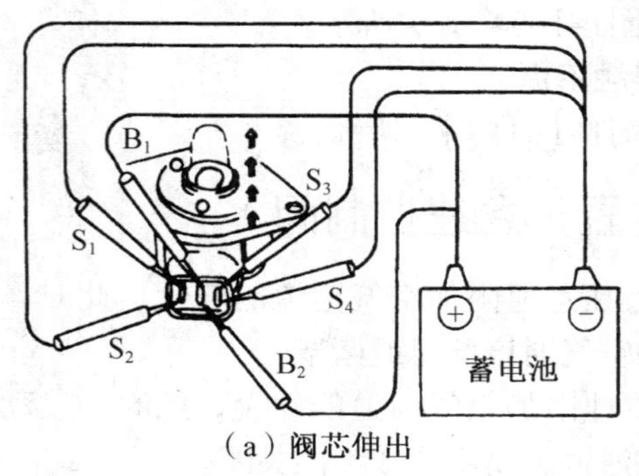

（a）阀芯伸出

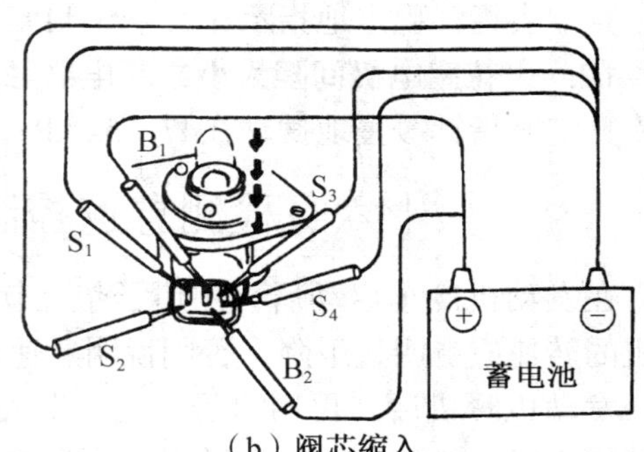

（b）阀芯缩入

图1–1–36　丰田皇冠3.0发动机怠速控制阀步进电机的检查

（二）电磁阀式

（1）检查这类怠速控制阀的工作性能，可在发动机怠速运转时拔下怠速控制阀线束插接器，同时观察发动机转速是否变化。若此时发动机转速有变化，则表明怠速控制阀工作性能良好。

（2）工作电压的检测。拔下怠速控制阀线束插接器，用万用电表电压挡测量其端子电压，若在发动机运转中怠速控制阀线束插接器端子有脉冲电压输出（约7 V），则表明ECU和怠速控制阀之间的线路良好。若无脉冲电压输出，则表明怠速控制系统不工作，应检查ECU和怠速控制阀之间的电路是否有断路或接触不良故障，若怠速控制系统的电路良好，则ECU有故障，应更换ECU。

（3）控制阀电磁阀线圈电阻的检测。拆下怠速控制阀，用万用电表电阻挡测量怠速电磁控制阀线圈的电阻值。比例电磁阀式怠速控制阀只有一组线圈，其阻值通常在10 ~ 15 Ω，若线圈电阻值不在上述范围，应更换怠速控制阀。

十七、检测喷油器

（一）柴油机喷油器检测

1. 喷油器分解

拆卸喷油器时，应首先拆卸高压油管并旋松喷油器空心螺套。为避免因喷油器转动而损坏缸盖上的喷油器定位孔，应用一扳手扳住喷油器体，另一扳手拆卸喷油器固定螺母；用木锤震松喷油器，再用专用拉力器拉出喷油器。

（1）在盛有柴油的盆中将喷油器清洗干净。

（2）将外部清洗干净的喷油器夹在垫有铜片的虎钳上，并使喷油嘴朝下。

（3）旋下针阀偶件的压紧护帽，拆下针阀偶件。

（4）将喷油器朝上在虎钳上夹好，拆下喷油器紧固螺套，取出针阀体。如针阀体被积炭卡于螺套内，应在清洁柴油中浸泡后取出，不允许硬敲。

（5）从针阀体内拔出针阀，如拔不动时可用手钳垫布夹住拧出。分解的各零件应摆放整齐，针阀与阀体应成对放置。

（6）拧下锁紧螺母和调压螺钉，取出弹簧、弹簧座和顶杆，收存垫片。

2. 各零部件清洗

用铜丝刷清除外部积炭。如喷孔堵塞可用专用通针疏通，针阀体内的污物可用专用清除工具剔除，然后用柴油洗净。针阀导向面、密封锥面有伤痕或发暗时应更换，针阀体有严重腐蚀也应更换。

（1）在盛有柴油的盆中清洗零件，用软质刮刀清除积炭。

（2）用ϕ 1.7 mm的铜丝清理阀体油路。

（3）用ϕ 0.37 mm的铜丝清理喷油孔。

3. 对零件进行直观检查

（1）检查壳体有无裂纹，锥面平面度是否良好（不能有花纹、积炭），定位螺钉是否齐全，螺纹是否损坏。螺纹损伤应少于2扣，要清除喷油嘴积炭。

（2）拆卸针阀分解检查，观察针阀杆的锥面有无磨损痕迹和变形。调压弹簧应无裂纹、锈蚀、歪斜，顶杆应平直。

（3）针阀偶件完成上述检测后，应进行滑动性试验。如图1–1–37所示，将针阀偶件在清洁的柴油中洗净后，针阀偶件呈45° 放置，将针阀从阀体中抽出1/3左右，转至任意位置，松手后针阀应能在自身质量作用下缓缓滑入阀体内，无任何卡滞现象。否则应配对研磨或更换新件。

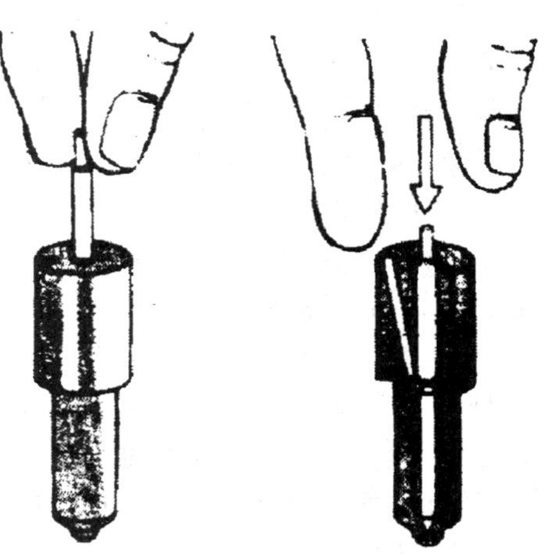

图1–1–37　针阀偶件滑动性试验

4. 喷油器的装配

（1）装配前应清洗所有零件并用压缩空气清理喷油器本体内的油道，清洗喷油器配合表面，在安装前涂少许润滑油。

（2）使喷油器进油口端朝下夹于垫有铜片的虎钳上，将在清洁的柴油中浸泡过的喷油嘴取出，对准定位销后装于喷油器体上，以60 N·m的扭矩拧紧固定螺套。

（3）取下喷油器，上下移动可听到针阀活动的响声，否则应重新清洗喷油嘴后装复，若针阀仍不滑动，需更换喷油嘴。

（4）装复顶杆、弹簧座、弹簧，拧上紧固螺母。

5. 喷油器压力试验

如图1–1–38所示，将喷油器安装到柴油喷油器试验仪上，以60 ~ 70次/分的速度扳动手柄压油，喷油器开始喷油时压力表数值即为喷油压力值，喷油压力值应符合技术规定，各缸喷油器的喷油压力应尽可能一致，一般相差不得超过0.25 MPa。否则应调整调压弹簧的预紧力。通过调整调压螺钉，符合以下要求：

轻型车（≤2.5 t）为 10 ~ 15 MPa，重型车（≥2.5 t）为16 ~ 20 MPa，压力差允许在0.025 MPa以下。调整时，拧松调压螺钉为降压，反之为升压。

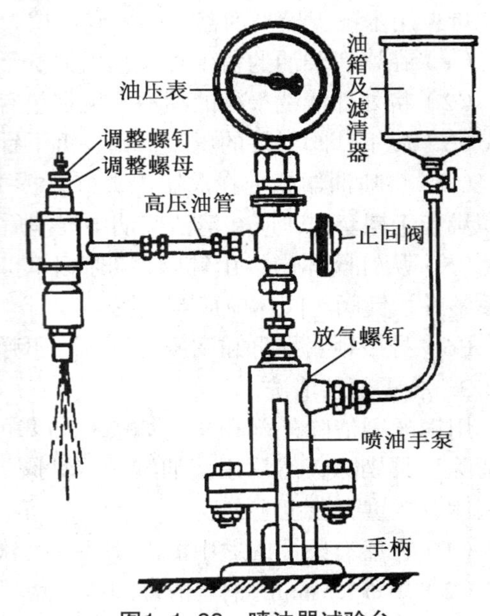

图1–1–38 喷油器试验台

6. 喷油器密封性试验

（1）将喷油器安装到喷油器试验台上。

（2）旋入喷油器的调压螺钉，均匀缓慢地用手柄压油。当喷油压力上升至15.7 MPa，再以10次/分的速度均匀地按动手泵，直至开始喷油。此时喷油嘴处不应有渗漏、滴漏现象，如图1–1–39所示。

（3）用手泵油，将油压升至22.54 ~ 24.50 MPa，喷油后停止泵油，记录油压。自19.6 MPa下降到17.64 MPa的时间应在9 ~ 12 s，说明喷油器密封性较好；若时间少于9 s，可能是油管接头处漏油、针阀体与喷油器体平面配合不严和密封锥面封闭不严或导向部分磨损。

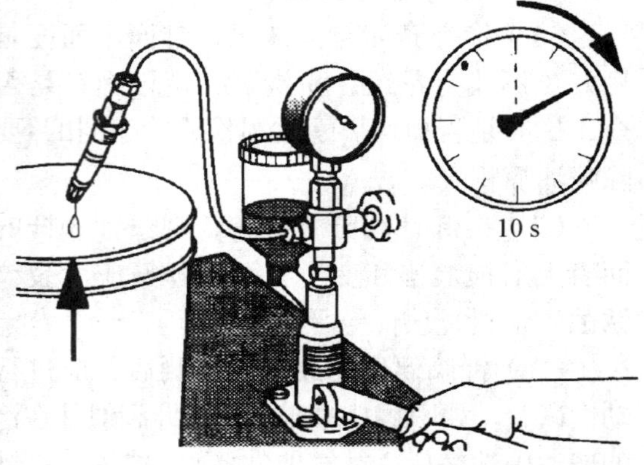

图1–1–39 喷油器密封性试验

7. 雾化质量试验

调好喷油压力后，以60 ~ 70次/分的速度按压手柄，使喷油器喷油，喷出的柴油应呈雾状，不允许滴油和飞溅。喷油开始和终了应明显，每一次喷油应均匀细小。声音要清脆，断油时要干脆，不能有油滴。

8. 喷油锥角测试

检查喷油孔是否堵塞。距离喷嘴100～200 mm处放一张白纸，油痕直径可用下式计算：

$$\tan\alpha = d/2h \quad (\alpha = 15° \sim 20°)。$$

式中　α：喷油锥角的半角，喷油角为2α，当$\alpha < 9°$时为有漏油故障，当$\alpha > 20°$时为有堵塞故障；

d：油痕直径；

h：喷孔至纸面的距离。

通过试验，若喷油器的密封性、喷油压力或喷雾质量不符合规定要求，则必须对喷油器进行分解、检查。

（二）电喷汽油机喷油器的检测

喷油器的工作状况可通过检查喷油器的工作声音和发动机转速的变化来了解。

（1）发动机怠速运转时用手指接触喷油器，应有脉冲振动的感觉。

（2）发动机怠速运转时，当拔下某缸喷油器线束插头时，该缸喷油器停止喷油，发动机转速立即下降，这表明该喷油器工作正常，否则表明不工作或工作不良。

（3）出现燃油喷器不喷油的情况时，首先检查接线插头和插座的接触情况。若在该处有故障，摇动和按压插头将会出现断续喷油的情况。压紧插头，故障可消除。

（4）喷油器线圈电阻的检查。断开点火开关，拔下喷油器线束插头，用万用电表电阻挡测量喷油器两端子（线圈）的电阻值，如图1-1-40所示。在20 ℃时，低阻型线圈电阻为2～3 Ω，高阻型为13～18 Ω。

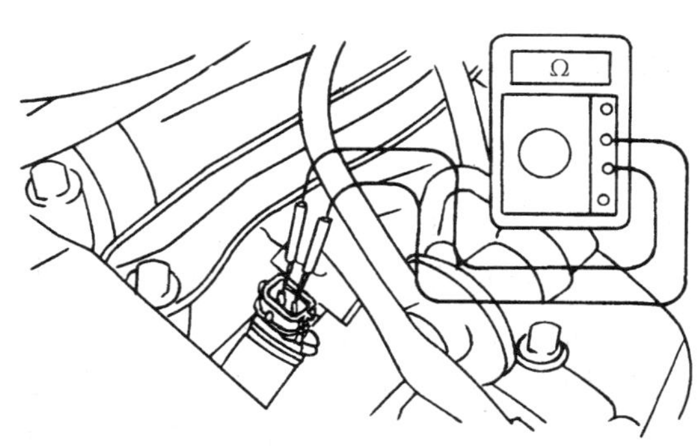

图1-1-40　喷油器线圈电阻测量

（5）喷油器工作电压的检查。拔下喷油器上两端子插头，接通点火开关，发动机不启动，用万用电表检测该插头两端子之间电压，高电平时应为12 V以上。若喷油器电压均为零，表明电源电路不通，应检修燃油泵继电器、熔断器或ECU。

（6）喷油器工作电路的测试。断开点火开关，分别拔下喷油器导线插头，并在该插头的两端子间串联两只发光二极管（两只二极管并联，且一只的正极接另一只的负极）和一只510 Ω/25 W电阻（电阻与二极管串联）。然后启动发动机，同时观察发光二极管是否闪烁，若发光二极管闪烁，表明喷油器工作电路正常；若发光二极管不闪烁或不发光，表明喷油器电源线路、燃油泵继电器或发动机控制器ECU有故障，应进一步检查排除，必要时更换ECU。

（7）泄漏检查，将喷油器按技术要求装到分配油管上，在发动机上放一托盘，将分配油管和喷油器置于托盘内，用一根油管将车上汽油滤清器出口与分配油管进口连接，另一根油管接回油管，如图1-1-41所示。然后用一根导线将汽油泵的两个检测插孔短接，并打开点火开关。这时，燃油泵开始运转，注意观察喷油器有无漏油。喷油嘴1 min漏油量应不超过1滴。

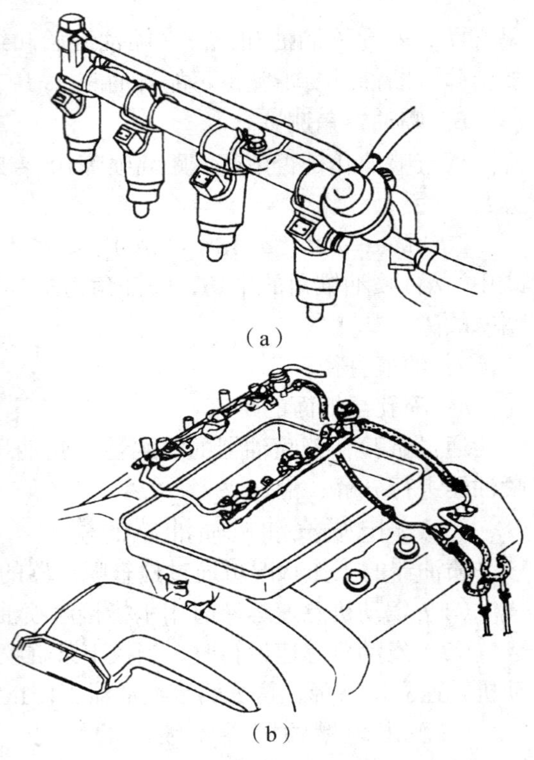

图1-1-41　就车测试喷油器泄漏情况

发动机热车启动困难、黑烟大可能是单向阀、喷嘴调压阀的球阀关闭不严引起的内漏。燃油喷嘴由于使用的燃油不干净、滤网破裂、针阀阀座密封不良等原因，使燃油易于从喷油器的高压腔经阀座和喷孔向外泄漏。若喷油器内的弹簧折断，不能使针阀紧压阀座，将使大量燃油从喷口漏出。若附属于喷油器的O形密封圈因装拆而有损伤时，将会使喷油器安装于油管处密封不良导致泄漏。

十八、检测汽油机燃油压力

（一）操作步骤

（1）释放燃油压力。蓄电池电压应在12 V以上，拆开蓄电池负极电缆线，打开燃油箱加油口盖，松开检修螺栓（用开口扳手固定住M6检修螺栓下面的锁紧螺母，再用梅花扳手套在燃油分配管处的M6检修螺栓上）。为防止燃油喷出，应缓慢地松开检修螺栓一圈，并将抹布放在检修的螺栓上，释放出燃油系统的油压。

（2）从燃油分配管上拆下检修螺栓并装上燃油压力表，如图1-1-42所示。重新接上蓄电池负极电缆之后，用跨接线将电动燃油泵的两个检测插孔短接。然后打开点火开关，让燃油泵工作，并读取油压表油压，其值应符合规定。如果高于规定值，应更换压力调节器；如果低于规定值，则应检查输油软管和连接处有无漏油，以及汽油泵、汽油滤清器和汽油压力调节器等的情况。

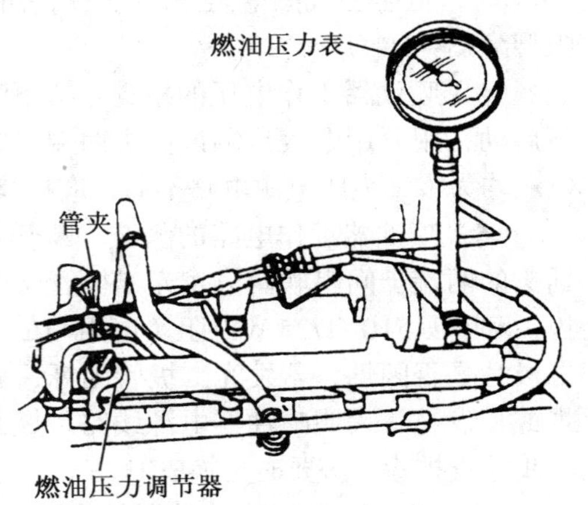

图1-1-42　测试燃油压力

（二）技术要求

（1）启动发动机并使其怠速运转，拆

下并堵住燃油压力调节器的真空软管，观察压力表的指示，此时（怠速）压力应为265 ~ 314 kPa。重新将真空软管接到燃油压力调节器上，燃油压力应为206 ~ 255 kPa。若燃油压力比规定值低则应检查燃油滤清器是否泄漏、燃油泵是否有泵油不足（内部泄漏）等故障。若燃油压力比规定值高，则应检查回油管或管路是否弯折、压扁或堵塞，燃油压力调节器是否有故障。

（2）在点火开关关闭5 min之后，油压表上的压力应保持在规定范围内，其值一般≥147 kPa。若油压过低，应检查汽油泵保持压力、油压调节器保持压力及喷油器有无泄漏。如果其他部分均完好，则应更换电动燃油泵。

十九、柴油机供油正时检查与调整

供油提前角的调整有两种：一为静态调整，即在静态时把供油提前角调到合适值；二为动态自动调整，即在柴油机运转时随转速变化自动修正提前角。这里主要介绍静态供油提前角的调整。

当没有测试工具时，可以使用经验方法进行应急调整，当有条件时必须按规定调整。喷油泵在柴油机上的连接方法分固定板连接和十字形联轴器连接两种，前者是轴正时齿轮通过中间惰轮接合喷油泵正时齿轮带动喷油泵凸轮轴转动的，后者是由驱动轴通过十字形联轴器带动喷油泵轮轴转动的，所以根据其连接方法和传动结构、喷油泵喷油提前角的调整有所区别。

柴油机出厂前及工作一段时间或拆装后，都需要进行供油提前角的检查与调整。供油提前角实际上就是喷油泵凸轮轴与柴油机曲轴间的相对角位置，因此供油提前角的调整就是改变两轴间的相对角位置关系。

（一）柴油发动机供油正时的检查

喷油时刻提前至活塞压缩行程上行结束之前的一段行程，即当时曲柄位置与气缸中心线之间的转（夹）角叫喷油提前角。一般直接喷射式燃烧室为25° ~ 35°，分隔式燃烧室15° ~ 30°。轻型车（≤2.5 t）18° ~ 25°， 重型车（>2.5 t）25° ~ 33°。

测试喷油泵供油时间的方法有很多，生产中常用的主要是测时管法和柱塞预行程法。利用测时管法测试喷油泵的供油时间时，可按以下方法操作。

（1）从喷油泵上拆下第1缸的高压油管，在出油阀座上利用橡胶管安装1支测试用的玻璃管，如图1–1–43所示。

（2）顺时针方向摇转曲轴，使第1缸活塞处于压缩行程上止点前规定的发动机喷油开始的位置，飞轮上或皮带轮上（或在其他处）的喷油正时记号应对正。

（3）检查时将油泵的操纵手柄放在最大供油位置，再用螺丝刀撬动油泵柱塞使其泵油。油面上升到出油口平面（即玻璃管中能看到油面为止）可以观察到的位置时即停止泵油，再慢慢转动曲轴，待油面开始上升的瞬间时即停止转动，此时为该单泵的供油始点（提前角）。观察联轴器上的刻线，应与喷油泵前轴承盖上的刻线相对，如图1–1–44所示。如超过刻线，表明供油太晚；如未到刻线，表明供油时间太早，应予以调整。

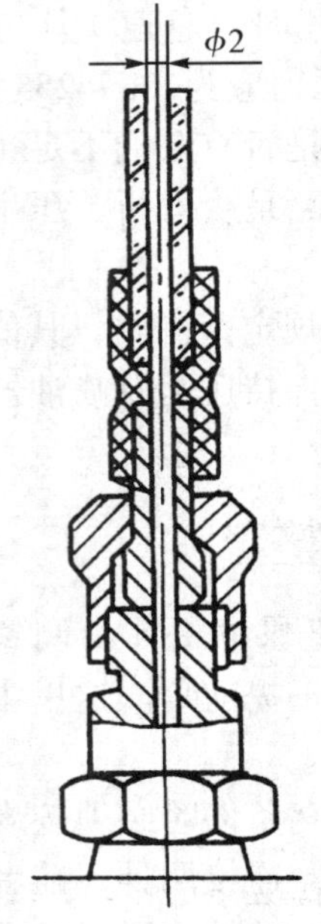

图1–1–43　玻璃管安装位置

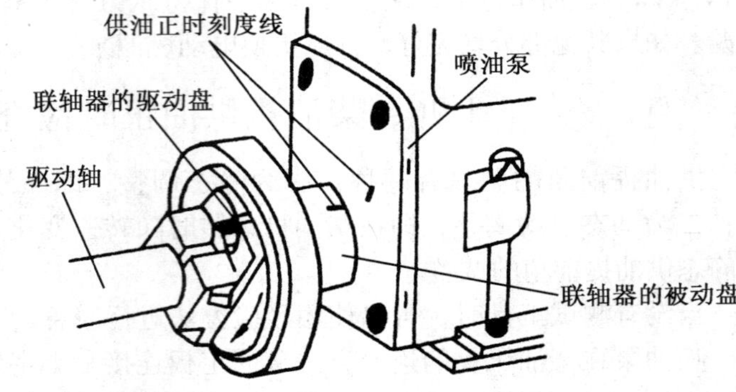

图1–1–44　检查联轴器上的刻线

（二）测量结果分析

（1）喷油过早。启动时发动机怠速不稳定，突然加速时气缸内发出有节奏的清脆金属敲击声。

（2）喷油过迟。发动机启动后发闷，突然加速时，发动机转速不能随之提高，造成气缸内产生低沉不清晰的敲击声。

（三）调整

（1）将油量控制杆推至最大供油位置，并排除喷油泵内的空气。

（2）根据联轴器上的刻线与喷油泵前轴承盖上的刻线相对位置偏差进行调整，由第1分泵供油开始。

（3）通过调整喷油泵上第1分泵的调整螺钉进行调整，如图1–1–45所示。

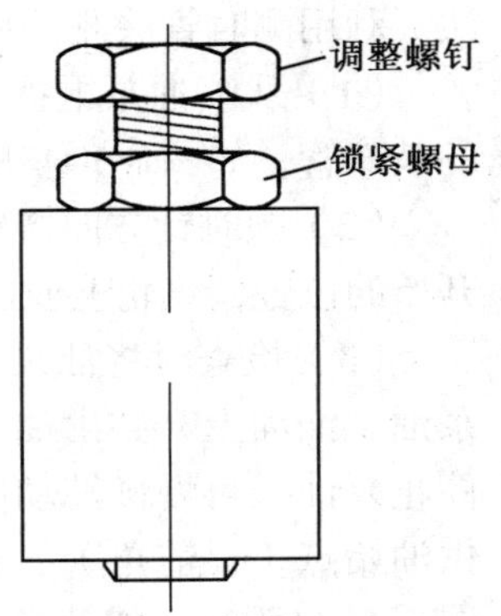

图1–1–45　正时调整装置

（4）第1缸调整完毕后，依照喷油泵的供油顺序，以第1缸为准，调整其他各缸的供油时间。例如，6缸发动机的供油顺序为1—5—3—6—2—4，在调整第5缸供油时间时，应以第1缸开始供油时间在刻度盘上的标记为起点，旋转60°，正好是第5缸开始供油的时间。各缸供油误差应在±0.5°范围内。

（5）如某缸供油时间过迟，应将该分泵柱塞副挺杆上的正时螺钉旋出；如某缸供油时间过早，则将该分泵柱塞副挺杆上的正时螺钉旋入，反复调试，直至符合标准。

第二节 底 盘

一、检修离合器

（一）摩擦式离合器

1. 拆卸步骤

（1）拆下离合器盖固定螺栓，将离合器总成及从动盘卸下，离合器总成卸下前应检查有无拆装记号，如无记号标志，应在离合器盖与飞轮之间做好相对位置标记。

（2）分解离合器总成时，为防止离合器内的零件弹出，必须将离合器总成装在拆装专用夹具上才能分解，如图1–2–1所示。

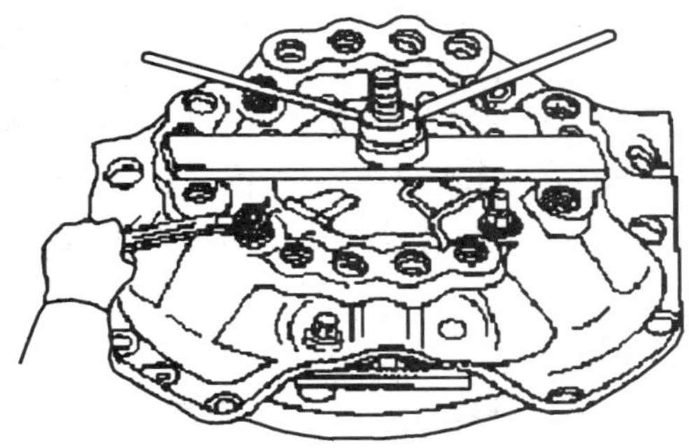

图1–2–1 用专用夹具拆装离合器

（3）拆下分离杠杆调整螺钉上的锁紧螺母和调整螺母。

（4）用套筒扳手拆下压板传动片上的紧固螺栓。

（5）缓慢松开离合器夹具，卸下离合器盖和离合器弹簧。

（6）取出摆动支承片。

（7）取下浮动销，取出分离杠杆与分离杠杆调整螺钉。

2. 主要零件的检测

（1）从动盘。检查钢片不能有裂纹、翘曲、变形。要求其端面圆跳动量一般应≤0.7 mm。花键毂蜗钉应牢固无松动，如有松动，可重新铆接。花键与第1轴的间隙是0.03～0.04 mm，使用极限应≤0.60 mm，缓冲弹簧不允许折断或松动。

（2）摩擦衬片。铆钉头应低于摩擦衬片工作表面0.5 mm以上，测量摩擦衬片厚度应符合规定要求，见表1–2–1（使用极限为0.20～0.30 mm）。

表1–2–1 离合器摩擦衬片厚度

车 型	摩擦衬片单片厚度/mm	
	标 准	极 限
解放CA1092	3.5	2.8
东风EQ1092	3.6	3

（3）离合器压盘。工作表面不能有裂纹、油污、损坏、烧蚀。压盘平面度的误差不大于使用极限，见表1–2–2。表面有烧蚀、龟裂或磨损沟槽深度＞0.5 mm时，应光磨修平后再使用，离合器压盘及中盘若有裂纹缺陷或修磨后的厚度小于极限尺寸（减小量≤1 mm）均应换新。

表1–2–2 离合器压盘及中盘技术要求

车 型	压盘及中盘平面度公差极限值/mm	压盘及中盘厚度减小极限/mm
解放CA1092	0.20	2.0
东风EQ1090	0.12	1.5

（4）离合器盖。离合器盖变形检验，其平面度误差应≤0.5 mm，超过时应进行修整，如有裂纹或传力孔磨损（座孔磨损＞0.5 mm，高度磨损＞2 mm）或出现台阶可

堆焊修复。

（5）离合器弹簧。弹簧不能松断，弹簧在自由状态时长度是74 mm，将弹簧压缩到42 mm，外圆柱面与端面的垂直度误差不超过2 mm，否则应更换。

（6）离合器杠杆检测。不能有断裂，它的内端面磨损量≤0.25 mm，整体变形一般要求≤1 mm，分离杆调整的高度是34.5 mm，所有的分离杆一样高，相差不能超过0.2 mm。

3. 离合器的组装

（1）将经检修后的零件清洁并摆放整齐。

（2）将每组传动片的一端用铆钉和离合器盖铆接在一起。

（3）将离合器压盘摆在专用夹具的底板上，装上摆动支承片、分离杠杆、分离杠杆调整螺钉，插上支承螺栓，穿入浮动销。如图1–2–2所示。

（4）将离合器全部弹簧放在离合器压盘的弹簧座中。注意弹簧不要偏斜。

（5）使4个支承螺栓对正离合器盖相应的孔，然后按装配标记将离合器盖放在离合器弹簧上，并使其落座。

（6）将装有分离杠杆和铆上传动片的离合器盖对正记号放在压盘上，用专用夹具将离合器盖与压盘夹紧。如图1–2–3所示。

（7）分别将4个分离杠杆调整螺钉上的调整螺母和锁紧螺母装上。

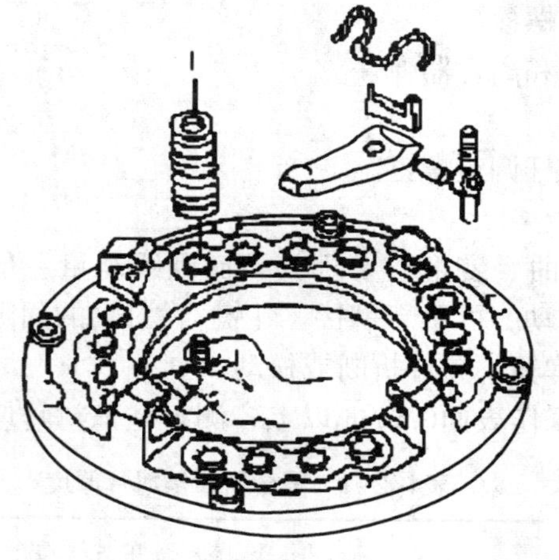

图1–2–2 装配离合器组件

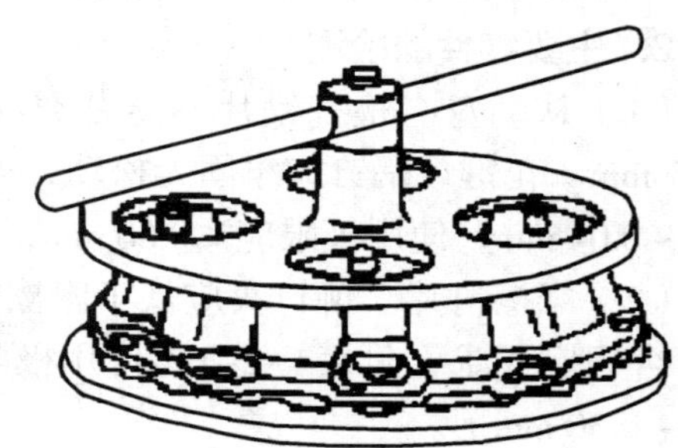

图1–2–3 离合器装配

（8）分别在传动片上装好隔套，再将压盘传动片与压盘上的螺纹孔对准装上各传动片的固定螺栓。

（9）按装配标记，装配离合器总成。将从动盘置于飞轮和压盘之间（短毂向前），用变速器第1轴作导向杆，把压盘总成对准记号，用螺钉均匀地拧在飞轮上。

（10）拧紧离合器盖与飞轮连接的固定螺栓。

（11）用分离杠杆调整螺母将分离杠杆调在同一高度［使分离杠杆上平面距飞轮表面（56 ± 0.2）mm］，如图1–2–4所示，然后用锁紧螺母锁紧。

4. 容易出现的问题

（1）离合器总成拆卸前，未做好相对位置的标记。

（2）安放压紧弹簧时弹簧有偏斜，没有将弹力不均匀的弹簧均匀分布四周。

（二）膜片式离合器

1. 拆卸步骤（见图1-2-5）

（1）在离合器盖与飞轮之间做好相对位置标记。以对角拧松并拆下压盘与飞轮的固定螺栓，取下压盘总成、离合器从动盘。

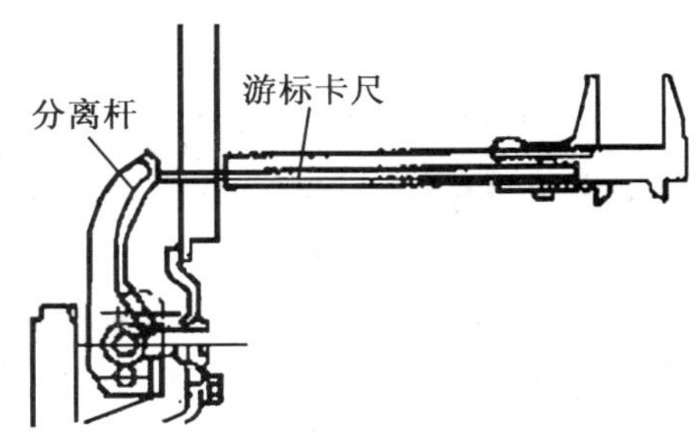

图1-2-4 测量分离杠杆高度

（2）在离合器盖与压盘之间及膜片弹簧之间做对合标记，进行分解。

（3）拆下膜片弹簧装配螺栓，将压盘及膜片与离合器盖分离。

（4）松开驱动臂螺栓，拆下驱动臂。

（5）拆装分离轴承。

（6）松开螺栓，取下分离轴承导向套和橡胶防尘套、复位弹簧。

（7）用尖嘴钳取下卡簧和分离轴承后，分离叉轴即可取出。

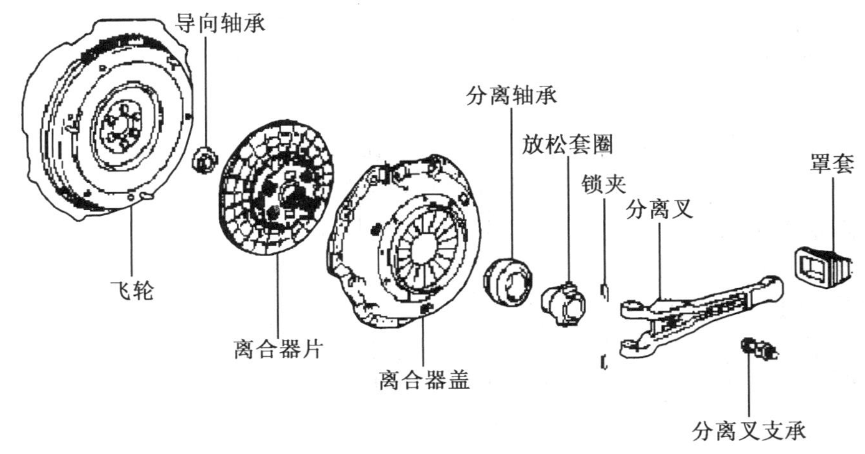

图1-2-5 膜片弹簧式离合器分解

2. 主要零件的检测

（1）从动盘。

1）检查从动盘，如摩擦衬片磨损、烧蚀、破裂或当铆钉沉入摩擦片表面的深度$<$0.30 mm时应更换。

2）检查从动盘的端面圆跳动。用百分表在距从动盘外边缘2.5 mm处测量，离合器从动盘最大端面跳动应$\leq$0.50 mm。

3）从动盘毂与变速器第1轴花键的配合间隙$>$0.60 mm时，应更换从动盘毂或第1轴。

（2）膜片弹簧。

1）膜片弹簧弯曲变形检查。在正常情况下，要求膜片弹簧小端均应在同一平面内，弯曲变形不得超过0.5 mm，如过大则应调整弹簧片。调整后再测量一次，直到符合要求为止。

2）膜片弹簧内端磨损检查。用游标卡尺测量膜片内端磨损的深度和宽度，当磨损深度>0.60 mm，宽度>5 mm时，必须更换。

（3）压盘（飞轮）检修。

用直尺搁平后以厚薄规测量，对于轻度的不平或烧蚀，可进行磨光处理，如有严重的沟痕，则必须更换压盘。当平面度误差>0.20 mm时，拉伤沟槽深度>0.50 mm时，应磨修或更换压盘。

（4）分离装置。

1）分离轴承。固定内缘转动外缘，同时在轴向施加压力，检查是否有卡滞现象或明显间隙，如有则应更换。

2）复位弹簧。复位弹簧折断或弹力不足时均需更换，更换后的安装位置如图1-2-6所示。

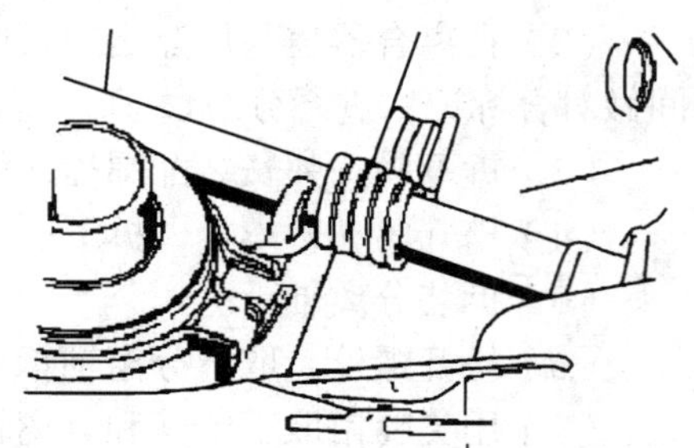

图1-2-6　复位弹簧的安装位置

（5）离合器盖。离合器盖弯曲不平时应校正，如有裂纹可焊修或更换。

3. 装配步骤

装配按拆卸的相反顺序进行。

（1）将经检修后的零件清洁并摆放整齐，装配时一定要对准拆卸时所做的记号。

（2）各支点和轴承表面以及分离轴承在组装时应涂以锂基润滑脂。

（3）离合器从动盘有减振弹簧保持架的一面应朝向压盘方向安装。

（4）安装离合器压盘总成时，需要导向定位器或变速器输入轴进行中心定位，使从动盘与压盘同心，以便安装输入轴。

（5）压盘必须与飞轮接触，才可以紧固螺栓，用特制的压盘螺栓与螺母将压盘固定在夹紧板上，紧固时应按对角线方向逐一拧紧，按规定的扭矩（25 N·m）拧紧。

（6）分离叉轴两端必须同心。

4. 技术要求

（1）固定螺钉拧紧扭矩为45～63 N·m。

（2）用塞尺和专用工具测量弹簧尖头和专用工具之间的间隙应≤0.50 mm，否则应进行调整。

（3）膜片弹簧尖头位置调整，用专用工具SST将弹簧扳弯，直到符合标准要求。

5. 容易出现的问题

拧紧离合器固定螺钉时没有均匀交叉地进行，没有按标准拧紧扭矩进行拧紧。

二、拆装变速器盖

（一）拆卸变速器盖

（1）将变速杆置于空挡位置，拆下变速器盖顶4个固定螺钉，拆下变速器盖、变速杆、定位弹簧，如图1-2-7所示。

（2）将变速器盖总成倒置，牢固夹持在台钳上。先拆下变速器顶盖总成，再拆下变速杆防转销，取出锥形弹簧。

（3）拆除变速拨叉固定螺钉上的金属锁线。

（4）拧下变速叉止动螺钉。

（5）拆下各拨叉轴紧固螺钉。

（6）检查1挡、倒挡拨叉轴及4/5挡拨叉轴均处于空挡位置，由后至前拆下2/3挡拨叉轴，取下拨叉，小心防止自锁钢球弹出伤人。

（7）再依次从后向前冲出1挡、倒挡，2/3挡及4/5挡拨叉轴及拨叉，取下变速器叉及导块。当快要取出叉轴时，注意：防止自锁弹簧和自锁钢球弹出。

（8）卸下变速器盖，分别取出3个自锁弹簧、4个互锁钢球、1根互锁线、3个自锁钢球。

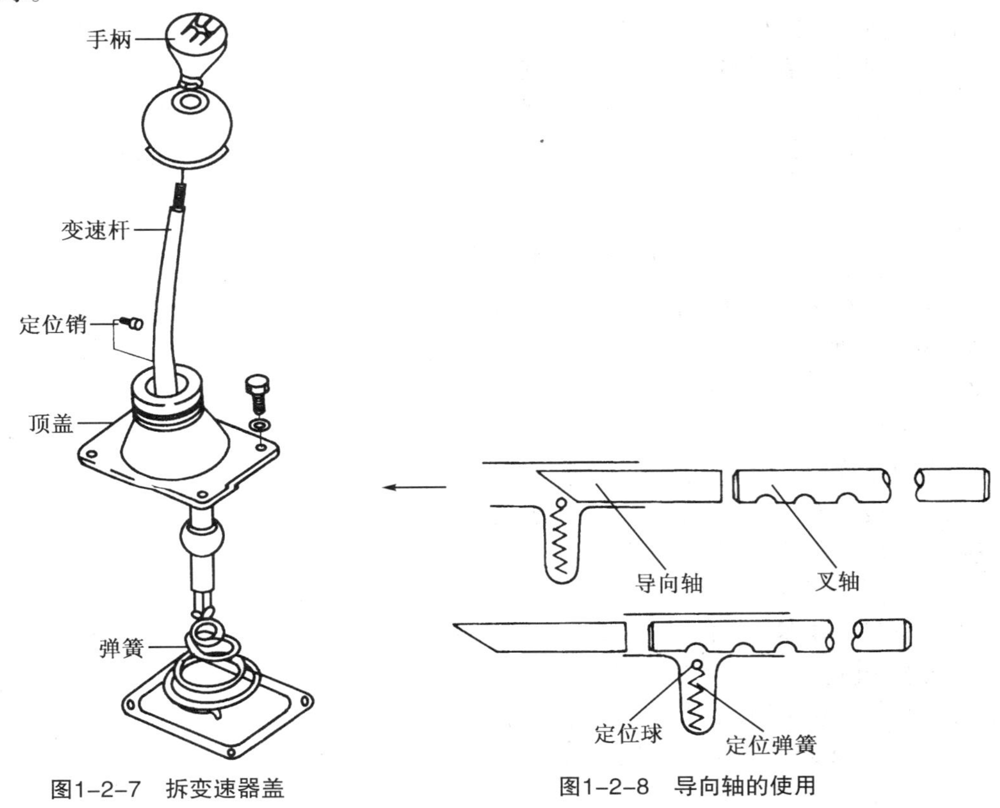

图1-2-7 拆变速器盖　　图1-2-8 导向轴的使用

（二）装复变速器盖

（1）先将1挡、倒挡变速叉轴及4/5挡变速叉轴装入，且均处于空挡位置，再装2/3变速叉轴。

（2）将变速叉轴装在变速器盖上相应的孔中。安装变速叉轴时，先将锁止弹簧、自锁钢球、互锁销及互锁销钢球放入定位槽中，再将一导向轴的斜面插入，使钢球不被弹出。然后敲击叉轴，使叉轴抵住导向轴，快速通过后，取出导向轴，如图1-2-8所示，再装上2/3挡，4/5挡，1挡、倒挡变速叉及导块等。

（3）拧入变速叉及导块止动螺钉，拧紧后用钢丝锁线分别将螺钉锁紧在叉轴上。在变速器盖前端轴孔上打入边缘上涂有密封胶的塞片。

（4）在变速器处于空挡位置时，装上密封衬套、变速器盖总成（在变速器壳体顶面定位孔中打入定位销后再装）。

（5）在螺栓上涂上密封胶，并把它们装到变速器盖总成上，拧上放油螺塞，加注润滑油后，拧上加油螺塞。

装配时应注意的事项：

（1）变速杆球头在放入球头座后，应使环头平面与盖平面处于同一高度，若球头销平面高出过多，则应更换球头销座。

（2）变速杆限位销钉与球头直槽的配合间隙应≤0.20 mm，若过大时，需另配销钉。锥形弹簧弹力要好。

（3）在变速器盖总成装配好后，应进行挂挡试验，用手扳动变速杆至各挡位时，需要相应的力方可扳动，但不宜过紧、过松，并能明显感觉到自锁装置的锁止作用。扳动变速杆，逐一进行挡位试验，用手转动一轴，则二轴应同时转动，但不能产生滑转现象。

三、拆检变速器第1、2轴组件

为了便于分解操作及检查，变速器总成的分解尽可能在专用的拆装架上进行。热车后拧下放油螺塞，放净变速器内的齿轮油。三轴式变速器的拆卸顺序为：拆卸第1轴→拆卸第2轴并分解→清洗零件→检验第1、第2轴→检验齿轮、同步器。

（一）拆卸第1轴

（1）拆下变速器上盖总成。

（2）从变速器前端拆除锁线及第1轴轴承盖紧固螺栓，取下轴承盖。在用铜锤敲击第1轴的同时，向前拔出第1轴，并取出第2轴前轴承。如图1–2–9所示。

（二）拆卸第2轴并分解

（1）拆掉变速器第2轴后端锁紧螺母，拆下碟形弹簧、后端凸缘、后轴承盖、隔套及里程表主动齿轮。如图1–2–9和图1–2–10所示。

（2）用铜锤敲击第2轴的前端，使第2轴后移一定距离，用轴承拉力器拉出第2轴后轴承，第2轴总成即可从变速器壳体内取出。

（3）取下4、5挡同步器总成。

（4）拆下4、5挡固定齿座锁环，取下止推环，并取出固定齿座、4挡齿轮的轴承挡圈、4挡齿轮及轴承、止推环、3挡齿轮及轴承，以及2、3挡同步器总成。

（5）从第2轴后端取下1、倒挡滑动齿轮，用螺丝刀压下止推环锁销，转动并取下2挡齿轮止推环、锁销、弹簧、2挡齿轮及轴承、2、3挡同步器总成。分解后的第2轴总成如图1–2–10所示。

（6）拆卸倒挡轴。

（3）分解中间支承，拔出开口销，拧下槽形螺母，取下垫圈，用手锤轻敲凸缘背面边缘，松动后把凸缘从前花键轴上拔出来。用拉力器从前花键轴上取下整个中间支承总成，再取下轴承座上橡胶垫环。将轴承座夹持于台虎钳上，用铜棒、手锤捅出两边油封和轴承，如图1–2–13所示。

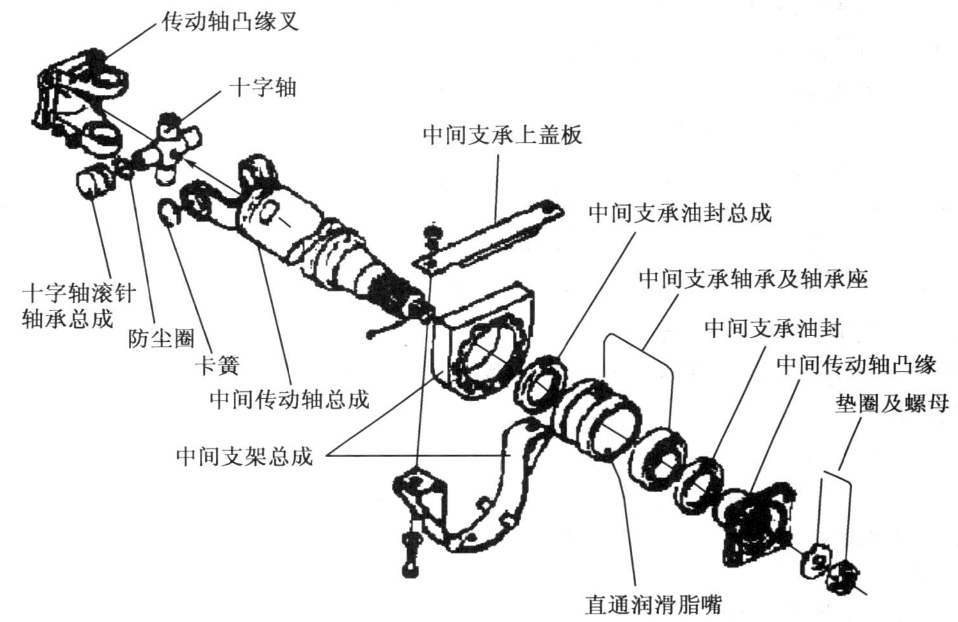

图1–2–13　中间传动轴及支承总成分解

（三）清洗零件

将所有零件用清洗剂清洗干净，并用棉纱擦干。

（四）万向传动装置主要零件的检验

1. 传动轴

（1）传动轴轴管不得有裂纹及严重的凹瘪。传动轴轴管全长的径向全跳动公差应符合表1–2–2的规定。

表1–2–2　传动轴轴管径向全跳动公差

轴　　长/mm	600	600 ~ 1 000	1 000
径向全跳动公差/mm	0.6	0.8	1.0

（2）轿车传动轴径向全跳动公差。中间传动轴支承轴颈的径向圆跳动公差为0.10 mm。当传动轴轴管的径向跳动误差超过表1–2–3的规定时，应对传动轴进行校正或更换。

（3）传动轴花键与滑动叉花键、凸缘叉与所配合花键的侧隙：轿车应<0.15 mm，

其他类型的汽车应＜0.30 mm，装配后应能滑动自如。

2. 万向节叉、十字轴及轴承

（1）万向节叉和十字轴上不得有裂纹。

（2）十字轴轴颈表面有疲劳剥落、磨损沟槽或滚针压痕深度在0.10 mm以上时，应更换新件。

（3）滚针轴承的油封失效、滚针断裂、轴承内圈有疲劳剥落时，应更换新件。

（4）十字轴与轴承的最小配合间隙应符合原厂规定，最大配合间隙应符合表1–2–3的规定。十字轴及轴承装入万向节叉后的轴向间隙：剖分式轴承承孔为0.10 ~ 0.50 mm；整体式轴承承孔为0.02 ~ 0.25 mm；轿车为0 ~ 0.05 mm。

表1–2–3　十字轴与轴承的配合间隙

十字轴轴颈直径/mm	≤18	18 ~ 23	＞23
最大配合间隙/mm	符合原厂规定	0.10	0.14

（五）装配普通万向节

装配普通万向传动装置时，可按拆卸的相反顺序进行，应注意装配位置对其传动速度特性的影响。装配时要注意以下事项：

1. 清洁零件

待装零件应彻底清洗，特别是十字轴的油道、轴颈和滚针轴承，最好用清洁的煤油清洗后再用压缩空气吹干。装配时应避免磕碰，并注意传动轴管两端点焊的平衡片是否脱落。

2. 核对零件的装配标记

应认真核对十字轴及万向节叉、十字轴及短传动轴和滑动叉及花键轴管等的装配标记，按原标记装配。在安装滑动叉时，要保证传动轴两端万向节叉的轴承孔轴线位于同一平面上，位置误差应符合原厂家规定。

3. 十字轴的安装

十字轴上的加油螺孔应使油嘴朝后向下。各万向节油嘴应成一条直线，以方便加注润滑脂。两偏置滑脂嘴应间隔180°，以保持传动轴的平衡。在十字轴轴颈、滚针轴承上涂抹少许润滑脂。轴承卡环必须保证进入环槽内，以免轴承脱落。剖分式承孔的U形固定螺栓的扭矩严格执行原厂家规定旋紧，并装上开口销，如东风EQ1090型汽车固定螺拴的扭矩为40 ~ 50 N・m。

4. 中间支承的安装

将中间支承对正后压入中间传动轴的花键凸缘内。压入时不允许用手锤敲打轴承，以防止轴承内圈挡边破裂。紧固中间支承的前后轴承盖上的3个紧固螺栓时应支起后轮，边转动驱动轮边紧固，以便自动找正中心，也可先不拧紧至规定扭矩，待走合一段时间，自动找正中心后再按规定扭矩拧紧。

5. 加注润滑脂

用滑脂枪加注汽车通用的锂基2号或二硫化钼锂基脂。加注时既要充分又不至于过量，以从油封刃口处或中间支承的气孔能看到有少量新润滑脂被挤出为宜。

（六）装配伸缩节

（1）先将油封盖、油封垫片、油封套在花键轴上，对准滑动叉上和传动轴轴管上的装配标记，把滑动叉套到花键轴上，然后装好油封、油封垫片，拧紧油封盖。

（2）安装伸缩花键时必须对齐平衡记号，必须使传动轴两端万向节叉处于同一平面上，以保证安装后传动轴的平衡性和等速性。

（七）等速万向节与传动轴的拆卸和分解

（1）在车轮着地时旋松驱动半轴与轮毂间的固定螺母。

（2）旋下传动轴与结合盘的螺栓，将传动轴与接合盘分开。

（3）从车轮轴承壳内压出驱动半轴。

（4）拆下防尘罩卡箍后卸掉传动轴端头卡环。

（5）用轻金属锤或木锤将外等速万向节从轴上敲下，如图1-2-14（a）所示。

（6）压出内等速万向节，如图1-2-14（b）所示。

（7）分解外等速万向节，在球笼、球壳上做好位置标记，转动球毂、球笼，依次取出钢球、球笼和球毂，如图1-2-15所示。

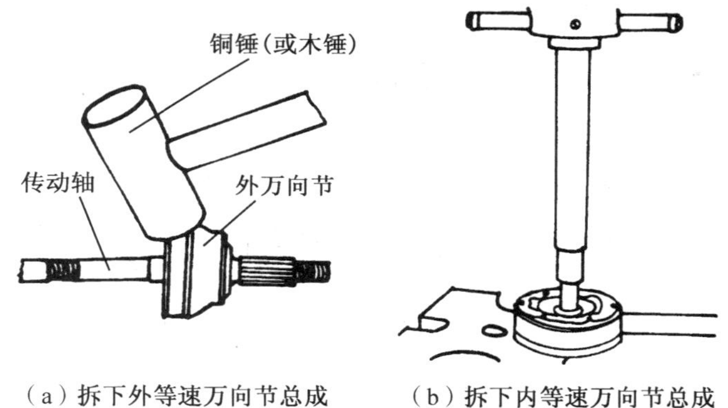

（a）拆下外等速万向节总成　　（b）拆下内等速万向节总成

图1-2-14　拆卸等速万向节总成

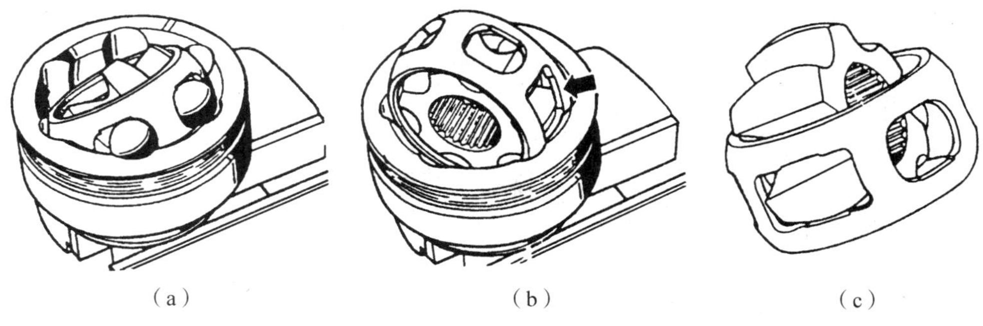

（a）　　（b）　　（c）

图1-2-15　外等速万向节的分解

（8）分解内等速万向节，转动球毂和球笼，按垂直方向取出球笼，取下钢球，然后从球笼上取下球毂。球毂和球壳为选配合件，应成对放置不能互换，如图1-2-16

所示。

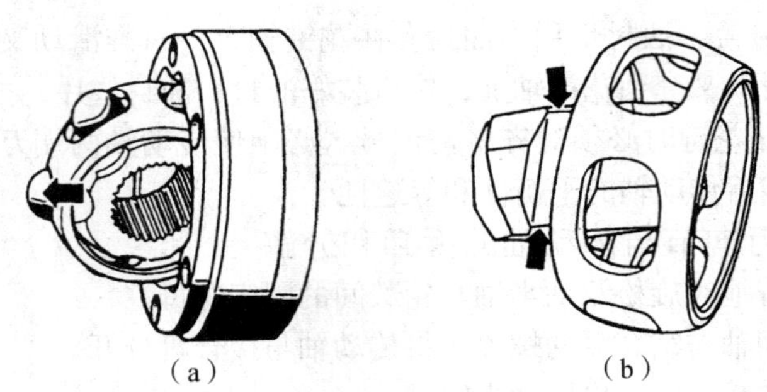

（a）　　　　　　　　（b）

图1-2-16　内等速万向节的分解

（八）等速万向传动装置的装配

装配等速万向传动装置时，可按拆卸的相反顺序进行，并应注意以下事项：

（1）按标记安装万向节的球笼、球毂和球壳。

（2）安装传力钢球时应将球笼、球毂转到相应的位置，然后顺利装上全部传力钢球，不得硬装，以免损伤传力钢球和球笼。

（3）安装外等速万向节总成时，应将卡环尽量压入槽底，以便顺利安装。

（4）因为万向节的球毂和球壳为选配合件，所以拆装时左、右万向节零件不能互换。

（5）驱动半轴与轮毂的固定螺母、内万向节的连接螺栓应按规定扭矩拧紧。

五、检修与调整循环球式机械转向器

（一）转向器的分解

（1）将转向器固定在台虎钳上。

（2）拆下放油螺栓，放出转向器内的润滑油。

（3）转动螺杆，使转向螺母处于蜗杆中间位置，然后拧下转向器侧盖的4个紧固螺栓，用软质锤轻轻地敲击转向摇臂轴输出端，取下侧盖及摇臂轴总成并解体，如图1-2-17所示。取出摇臂轴时，注意不要碰伤油封。

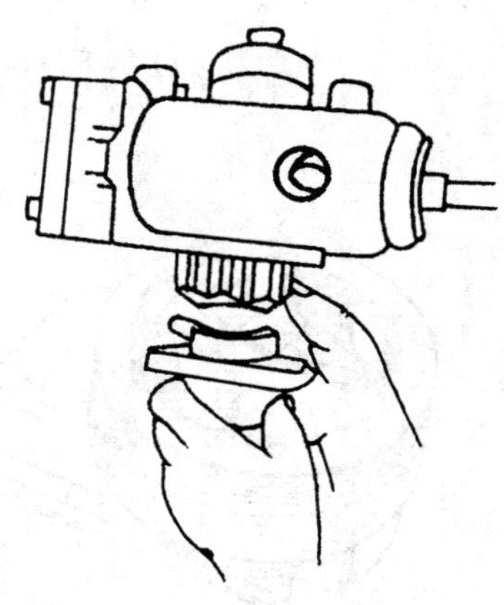

图1-2-17　拆下侧盖及摇臂轴

（4）拧下转向器下盖上的紧固螺栓，用软质锤轻轻敲击转向螺杆上端，取下下盖、转向螺杆及螺母总成（注意不要碰伤油封），并拆下转向器上盖等零件，如图1-2-18所示。

（5）转向螺杆、螺母的解体。先拆下导管夹，如图1-2-19（a）所示。取下钢球导管，如图1-2-19（b）所示。然后转动转向螺杆取出所有钢球，使螺杆与螺母分离。

（6）拆下各油封及密封圈，用压具从转向器壳体中拆下摇臂轴衬套。

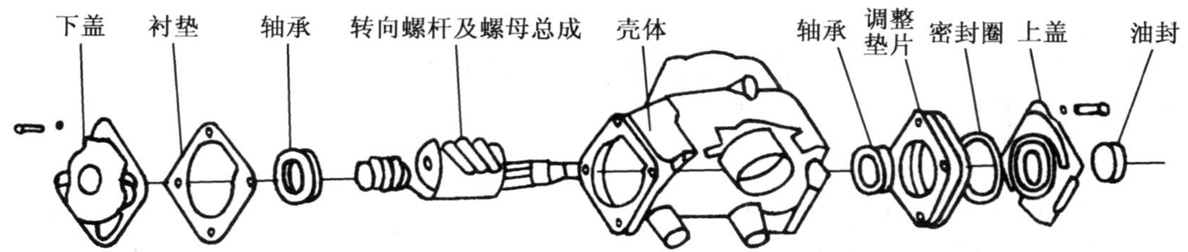

图1-2-18　转向器总成

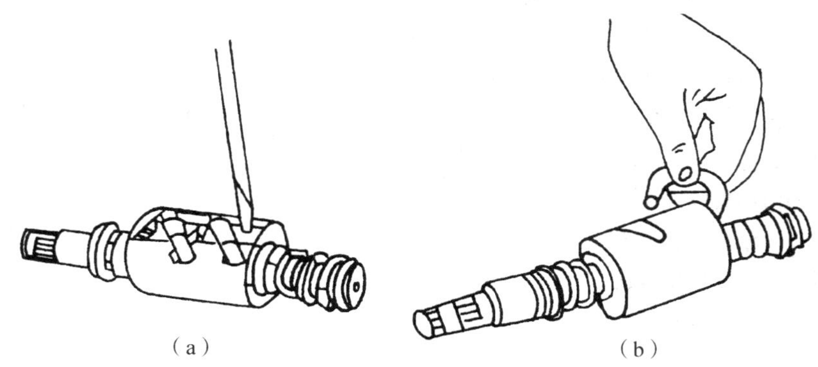

图1-2-19　转向螺杆和螺母解体

（二）清洗零件

将所有零件用清洗剂清洗干净，去除锈迹及油污，并用棉纱擦干。

（三）主要零件的检修

1. 转向器壳体的检修

（1）不能有>0.1 mm的裂纹，不重要的裂纹可用粘补法修复。各接合平面的平面度误差应≤0.10 mm。螺杆两端轴承外径与承孔的配合间隙为0.02 ~ 0.045 mm。壳体与衬套的配合间隙不能大于原标准的0.02 mm。

（2）修整壳体变形。壳体变形的特点是摇臂轴轴承孔的公共轴线对于转向螺杆两轴承孔公共轴线的垂直度误差超限（公差为0.04 ~ 0.06 mm）。两轴线的轴心距变大（公差为0.10 mm）不但会引起转向沉重，同时减少了转向器传动副传动间隙可调整的次数，缩短了转向器的使用寿命。

2. 摇臂轴的检测

不允许有裂纹，摇臂轴与衬套配合间隙应为0.03 ~ 0.08 mm，弯曲量≤0.15 mm，油封轴颈位置的磨损≤0.25 mm，三角形花键扭曲≤1 mm。止推轴承锥形位置不允许有剥落、严重斑点及台阶形磨损，转动要灵活。止推轴承不允许损坏或松旷。

3. 转向螺杆与转向螺母的检测

（1）转向螺杆与转向螺母的钢球滚道应无疲劳磨损、划痕等耗损，钢球与滚道的配合间隙应<0.10 mm。检验钢球与滚道配合间隙的方法有两种：一种方法是把转向螺母夹持固定后，把转向螺杆旋转到一端止点，然后检验转向螺杆另一端的摆动量，其

摆动量应＜0.10 mm，转向螺杆的轴向窜动量也应＜0.10 mm。另一种方法是将转向螺杆和转向螺母配合副清洗干净后，把转向螺杆垂直提起，转向螺母在重力作用下，能平稳地旋转下落，说明配合副的传动间隙合格。若无其他耗损，传动副组件一般不进行拆检。

（2）总成维修时，应检查转向螺杆的隐伤，若有隐伤、滚道疲劳剥落，三角键有台阶形磨损或扭曲，应更换新件。

（3）转向螺杆的支承轴颈若产生疲劳磨损，会引起明显的转向盘沉重或转向迟钝。

（四）转向螺杆和螺母的装配与调整

（1）安装转向螺杆组件。转向螺杆螺母组件在维修时一般不拆散。若拆散重新组装时，先平稳地逐个装入钢球，装钢球的过程中，转向螺杆和转向螺母不要相对运动，必要时只能稍转动转向螺母，如图1-2-20所示，或用塑料棒将钢球轻轻冲进滚道内。

（2）给装满钢球的导管口压入润滑脂以防止钢球脱出，用导管卡将导管固定在转向螺母上，并用橡胶锤轻轻敲击使其安装到底，安装好导管夹并用螺钉紧固。此时，转向螺母应转动灵活，从转向螺杆上端能自由下落，如图1-2-21所示。转向螺杆与螺母的轴向和径向间隙应≤0.05 mm。

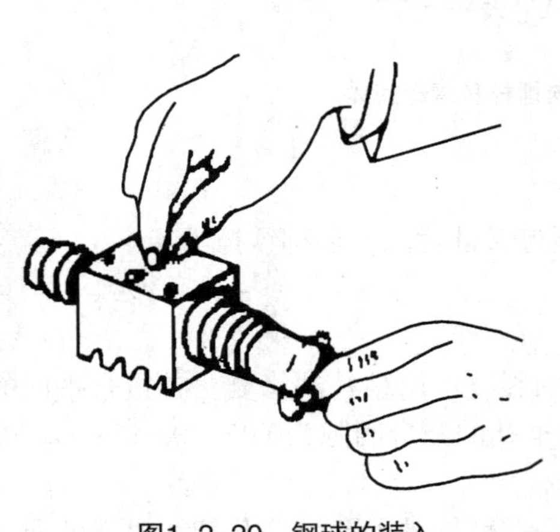

图1-2-20　钢球的装入

图1-2-21　转向螺母转动检查

（3）装入钢球后，转向螺母的轴向窜动量应≤0.10 mm。

（4）将转向螺杆推力轴承内圈压装在转向螺杆的轴颈上，轴承外圈分别压装在转向器上、下盖上。

（5）将组装好的螺杆和螺母总成装入转向器壳体上并紧固，同时装好转向器上盖及调整垫片。此刻转向螺杆应转动灵活，且无间隙感觉，其转动扭矩应为0.7～1.2 N·m。螺杆转动不灵活或转动转矩过大，应在上盖处增加调整垫圈厚度。当轴向间隙过大时，则减少垫片。

（6）在转向螺杆颈部涂少量润滑脂后，装复螺杆油封。

（五）摇臂轴的装配与调整

（1）检查用于转向螺母与齿扇啮合间隙的调整螺钉的轴向间隙。将齿扇轴止推垫片套到调整螺钉上，把调整螺钉及适当厚度的调整垫圈依次装入齿扇轴轴端的孔中，并装上锁环，如图1-2-22所示。此间隙若>0.12 mm，在调整螺钉与摇臂上的承孔端面间加推力垫片调整。

（2）摇臂轴承预润滑之后，将齿扇轴滚针轴承装入转向器壳体内，在齿扇轴上涂一层薄薄的润滑脂。

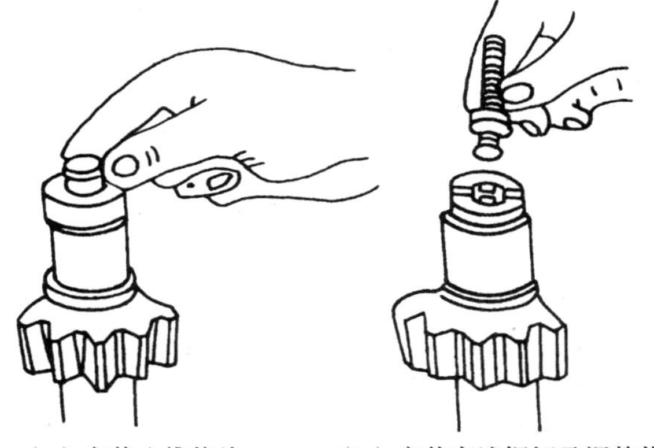

（a）安装止推垫片　　（b）安装高速螺钉及调整垫圈

图1-2-22　安装调整螺钉

（3）安装转向器侧盖。

1）将侧盖拧到调整螺钉上，并在侧盖上装好密封垫片。给油封涂密封胶后，将油封唇口向内，均匀地压入壳体上的承孔内。

2）将转向螺母移至中间位置（转向器总圈数的1/2），使扇形齿的中间齿与转向螺母的中间齿相啮合，装入摇臂轴组件。

3）侧盖密封垫涂以密封胶，安装并紧固。

4）按顺序装入推力垫片、调整螺钉、垫圈和弹性挡圈。

（4）安装转向器下盖与上盖。

1）把轴承装入下盖承孔中。

2）安装调整垫片和下盖，从壳体孔中放入转向螺杆组件，后安装下盖。装下盖之前在结合平面上涂以密封胶。

3）把轴承外圈和转向螺杆油封压入上盖，并装入上盖调整垫片和上盖。

4）通过增减下盖调整垫片或用下盖上的调整螺塞调整转向螺杆的轴承紧度。然后检查转向盘的转向扭矩，一般为0.6～0.9 N·m。

（5）安装摇臂时，应注意摇臂与摇臂轴二者的装配记号要对正，摇臂固定螺母应确实做到紧固、锁止可靠。

（6）按原厂家规定加注润滑油。

（7）有条件时，应检查转向器反驱动扭矩（转向轴处于空载状态时，使摇臂轴转动的扭矩），转向器的反驱动扭矩应符合原厂规定。

（8）调整转向器转向间隙。

1）使转向器的传动副处于中间位置（车辆直行位置），此时摇臂的自由摆动量应<0.15 mm。否则，应调整齿扇与转向螺母下平面齿条啮合间隙，如图1-2-23所示。

2）通过调整螺钉调整转向器传动副的啮合间隙。调整螺钉向里旋，啮合间隙减小，反之则增大。在直行位置上应呈无间隙啮合。调整合适后，拧紧锁紧螺母。

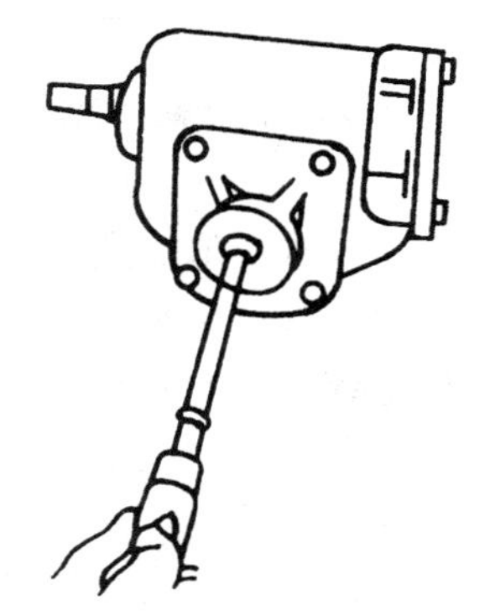

图1-2-23　转向器啮合间隙调整

3）中间位置上，转向器转动扭矩应为1.5 ~ 2.0 N · m。转向器转动扭矩调整合格后，按规定扭矩锁紧调整螺钉。

（六）检查转向器

检查已装配调整好的转向器。转向器螺杆与摇臂轴应转动灵活和无卡滞，且无轴向间隙。

六、检 修 前 轴

汽车行驶过程中，在垂直载荷及由地面传来的纵向和侧面水平力的长期作用下，将引起汽车前轴的弯曲变形、扭曲变形及疲劳裂纹。同时，因挤压和摩擦的作用，还会引起主销孔及其上下端面、钢板弹簧座平面及弹簧座上定位孔和U形螺栓孔的磨损，从而影响汽车的前轮定位和行车安全性，同时也加剧轮胎的磨损。

（一）测量前轴的变形

前轴变形的测量是对钢板弹簧座与主销孔之间变形的检验。

1. 用试棒、角尺检测

如图1–2–24所示，将专用角尺贴靠试棒（角度与被测车型主销内倾角相同），观察角尺边缘与试棒贴靠间隙。如果试棒与角尺之间存在间隙，表明前轴存在垂直方向的弯曲变形；如上端有间隙，则前轴向下弯曲；如下端有间隙，则前轴向上弯曲。观察角尺与试棒、角尺与垫铁中心刻线重合情况。如角尺与试棒中心线重合，而角尺与垫铁中心线不重合，则前轴有前后弯曲；如角尺与垫铁中心重合，而角尺与试棒中心线不重合，则弯曲出现在前轴拳形部位。若角尺为可调式，可直接测出前轴此时的内倾角。

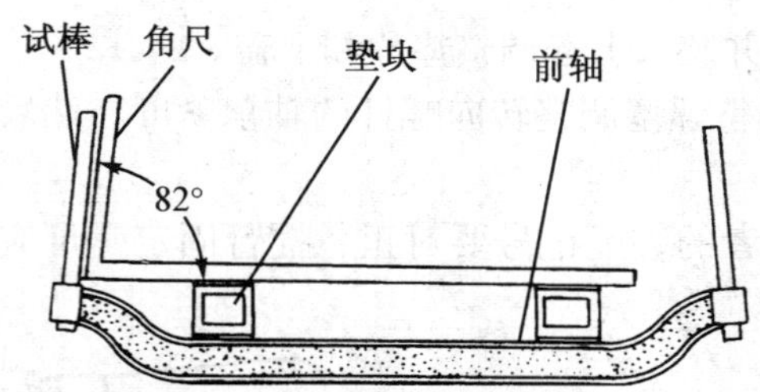

图1–2–24 用试棒和专用角尺检测前轴的变形

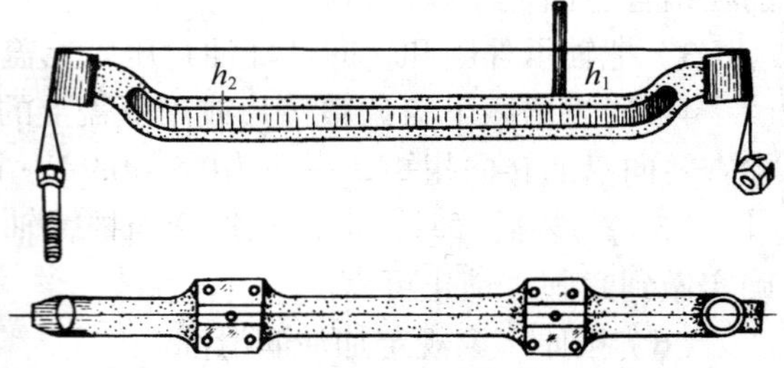

图1–2–25 用拉线法检测前轴的变形

2. 拉线法检查

如图1–2–25所示，在前轴两主销孔上端中间拉一细线，然后用直尺测量接线到两钢板弹簧座的距离h_1和h_2，如h_1和h_2相等，则该轴无上下弯曲，反之有弯曲变形。如与同一车型新轴对比，哪端高度大于新轴，则该端拳形部位向上弯曲，反之说明向下弯曲。观察细线是否通过两个钢板座的中心线，可以判断前轴有无前后弯曲。

测得值不符合原设计规定时，表明前轴存在垂直方向的弯曲变形。若拉线偏离钢板弹簧座中心（偏离程度应$<$4 mm），表明前轴两端存在水平方向的弯曲或扭曲变形。

（二）前轴的校正

1. 热校正

将前轴变形部位局部加热至500～600 ℃后，可由锻工凭经验手工操作进行校正。若前轴为铸铁件，不能使用此法。

2. 冷校正

前轴弯、扭变形的冷校正一般在专用液压校正器上进行，即利用校正器进行检测的同时，可由专职锻工用液压油缸对前轴的相应部位施加压力或扭力进行校正，如图1–2–26所示。

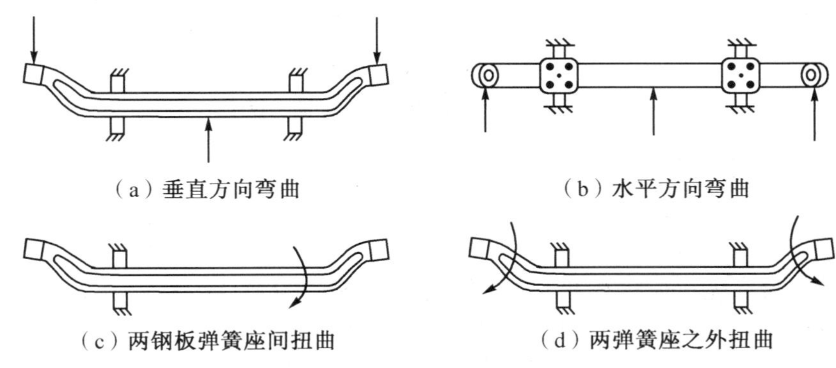

（a）垂直方向弯曲　（b）水平方向弯曲

（c）两钢板弹簧座间扭曲　（d）两弹簧座之外扭曲

图1–2–26　前轴的校正

（三）检测前轴主销孔

用游标卡尺测量前轴主销孔与主销的配合间隙，间隙应符合原厂家设计规定，不符合要求时可按修理尺寸法进行修理。部分车型前轴主销孔与主销的配合间隙见表1–2–4所示。

表1–2–4　部分车型前轴修理技术要求

车　　型	东风EQ1090E	解放CA1091
主销与前轴承孔配合/mm	+0.010～+0.052	+0.010～+0.052
主销与转向节衬套的配合/mm	+0.025～+0.077	+0.025～+0.067
转向节叉下平面与前轴间隙/mm	≤0.15	≤0.25
转向节承孔与衬套外径配合/mm	−0.175～+0.086	−0.175～+0.086

当前轴主销孔与主销配合间隙超过规定值，但孔径磨损尚未达到最后一级修理尺寸时，可用修理尺寸法将主销孔扩大，换用加大尺寸的主销。转向节主销修理尺寸见表1–2–5所示。

表1–2–5　转向节主销修理尺寸

修理尺寸级别	1	2	3	4	5
主销加大尺寸/mm	+0.08	+0.12	+0.16	+0.20	+0.24（不常用）

前轴主销孔按修理尺寸加大后，要换用相应尺寸的主销与之配合，以恢复正常配合间隙，并按同级修理尺寸选配推力轴承和加工转向节主销衬套孔。前轴主销孔磨损到达最后一级修理尺寸时，可镶套修复或更换前轴。

（四）检测前轴其余部位

（1）拳形部位上、下端面磨损不大时，可锉平。

（2）用钢直尺、塞尺测量钢板座平面，钢板座平面磨损不大时，可修平；当厚度减少量>2 mm或定位孔>1 mm时，应酌情修复。

（3）裂纹不大，且深度小于断面1/4时，可用电焊修复；裂纹过大，原则上应更换新前轴。

七、检测与调整前轮侧滑量

（一）前轮侧滑量的检测

1. 仪器准备（平板式检测线）

（1）检查试验平板上有无泥土、水、油污、砂石等杂物，如有则应清理干净。

（2）使平台在无负荷状态下工作，检测并调整仪表指针零位。

（3）检查举升器动作是否灵活，如动作阻滞或有漏气应进行检修；检查举升器是否在升起位置，否则应使举升器升起到位。

（4）打开指示、控制装置上电源开关（按使用说明书要求预热至规定时间），检查各指示灯工作是否正常。

（5）检查各种导线有无因损伤造成接触不良现象。

2. 待测车辆的准备

（1）核实汽车各轴轴荷，确保被测汽车车轴轴荷在试验台允许载荷范围内。

（2）检查轮胎是否粘有泥土、水、油污等杂物。要注意检查轮胎花纹内或后轴双轮胎间有否嵌有石子。

（3）检查轮胎气压，使其符合制造厂规定值。

（4）车辆在预备线上等待检测。

3. 检测步骤

（1）如图1-2-27所示，被检车辆以5～10 km/h的速度按“进车方向”向测试平板驶去，当前轮挡住光电时，汉字点阵屏提示刹车，引车员操纵刹车机构进行刹车并踩下离合器踏板，此时微电脑记录了侧滑、前轮左

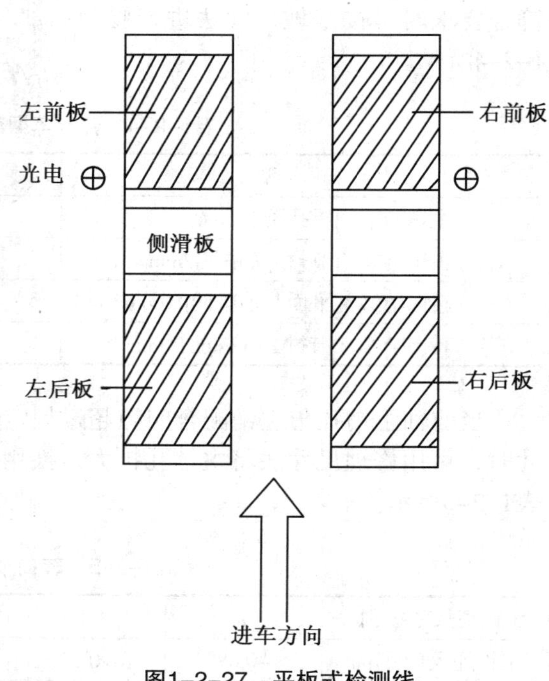

图1-2-27 平板式检测线

右制动力、前轮左右轴重及后轮左右制动力后轮左右轴重等数据。

（2）接着汉字点阵屏提示“前进”，被检车辆以同样速度前进，当后轮通过光电时，汉字点阵屏提示检驻车制动，引车员操纵驻车制动，此时微电脑记录了后轮制动力及后轮轴重。全自动检测完毕，数据在显示屏显示出来。点击打印键，全自动检测的数据由微型打印机打印出来，以供参考。

（3）将车辆驶离测试平板。

（二）技术要求（GB7258—2004）

侧滑量应≤5 m/km。

（三）容易出现的问题

进入标定状态时忘记按下“清零”键后才进行调试操作。

八、检修鼓式车轮制动器

（一）拆卸鼓式制动器

东风EQ1092鼓式车轮制动器拆装分解如图1–2–28所示。分解可按以下步骤进行：

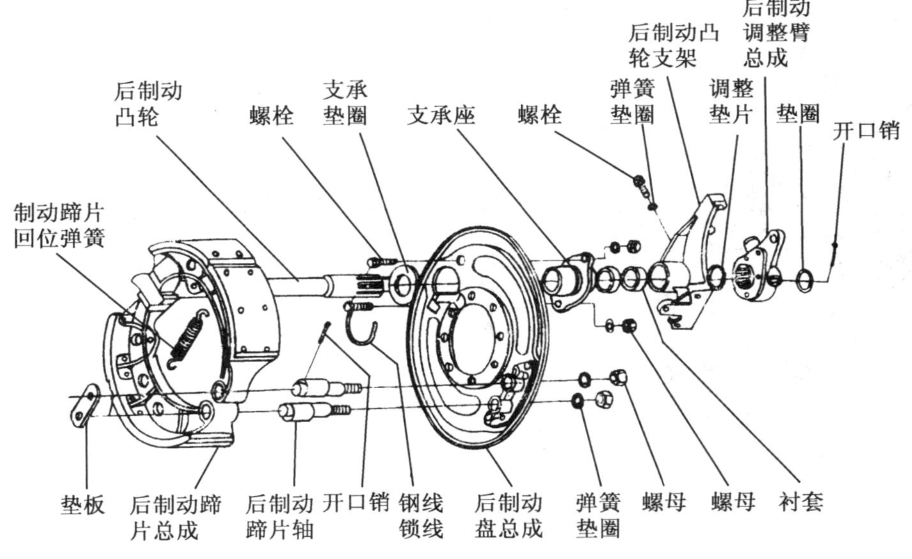

图1–2–28　汽车后轮制动器分解

（1）松开半轴螺栓拆下半轴，用专用套筒拆下轮毂轴承锁紧螺母，依次取出锁紧垫圈、外油封及油封外壳。

（2）拆下轮毂轴承的调整螺母，取出外轴承，卸下轮毂总成，取出内轴承。

（3）用专用弹簧拉钩拆下回位弹簧。

（4）拆下蹄片轴上两个开口销和垫板（锁片），取下两个开口销和垫板，取下两个制动蹄总成。

（5）拆下蹄片轴螺母和弹簧垫圈，取下蹄片轴。

（6）拆下制动气室推杆与调整臂之间的开口销及连接销。

（7）拆下制动气管与制动气室。

（8）拆下调整臂开口销及垫圈，取下调整臂总成。

（9）抽出制动凸轮及制动凸轮支承垫圈。

（10）拆下制动气室凸轮支架（后制动气室是凸轮支撑座和凸轮支架）。

（11）拆下制动底板紧固螺栓，卸下制动底板。

（12）从轮毂上拆下制动鼓。

（二）清洗零件

用清洗剂将拆散的全部零件放在托盘内进行彻底清洗。

（三）主要零件的检修

1. 制动鼓

（1）可用敲击法、直观法等检查制动鼓有否出现裂纹，鼓内壁工作面应无明显的沟槽，如拉槽深度＞0.50 mm，应对制动鼓工作面进行镗削加工修复。

（2）用带专用架的百分表或弓形内径规检查工作面的磨损情况，如图1-2-29所示。当圆度和圆柱度误差＞0.25 mm，以及工作表面与轮毂轴承中心线的同轴度误差＞0.50 mm时，应对制动鼓工作面镗削加工修复。

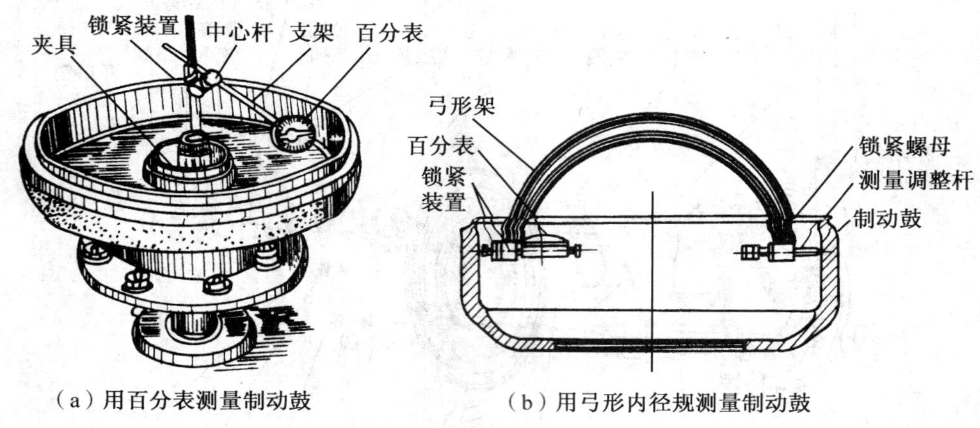

（a）用百分表测量制动鼓　　（b）用弓形内径规测量制动鼓

图1-2-29　制动鼓的检查

（3）镗削后，制动鼓工作面的几何形状相对位置和表面粗糙度应符合要求。同一轴上左右两制动鼓的内径差应≤1 mm。镗削修复后的制动鼓内径不能超过规定值。修复尺寸的极限值：大货车为6 mm，小货车为4 mm，轿车为2 mm。

2. 制动蹄

（1）检查制动蹄片是否有油污、起槽、爆裂、硬化。

（2）制动衬片厚度磨损应≤1/3（衬片厚度减小的允许值为0.8～2 mm）。刹车皮的铆钉不能松动，钉头离工作面应≥0.5 mm，如图1-2-30所示。刹车鼓与刹车皮的接触面＞50%，贴合良好，鼓与皮之间的间隙应≤0.12 mm，而且两头接触中间不接触。

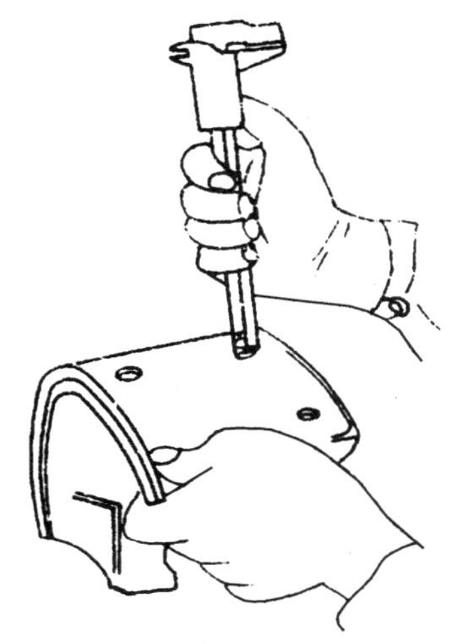
图1-2-30 检查制动器摩擦衬片

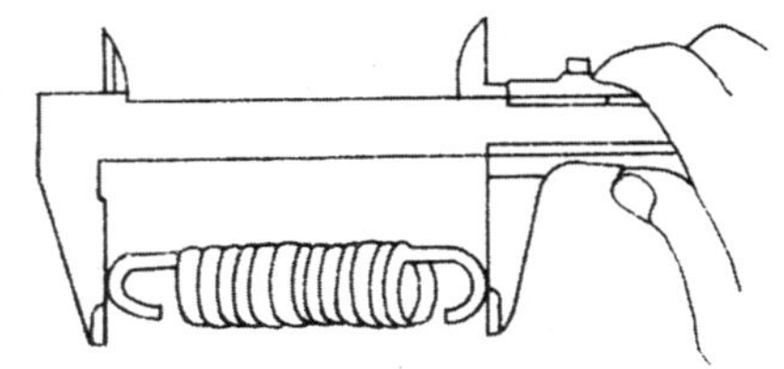
图1-2-31 检查制动蹄回位弹簧

（3）制动蹄承孔与支承销配合间隙为0.07 ~ 0.17 mm。制动凸轮轴与座的配合间隙应≤0.30 mm。

3. 回位弹簧

蹄掌回位弹簧应无变形、裂纹和丧失弹力，自由长度和拉力左右轮要求相同，如图1-2-31所示。如解放CA1091自由长度为138 mm，拉伸长度为179 mm，拉力为1 028 N。拉长5%应更换。

4. 制动底板

制动底板必须要牢固，表面不平度应≤0.60 mm，有裂纹应焊修。底板上的支撑销孔磨损超过0.15 mm，螺栓孔磨损超过0.80 mm时，可镶套或焊补后重新钻孔修复，检查方法如图1-2-32所示。底板销孔修复后与支撑销配合间隙应符合规定。

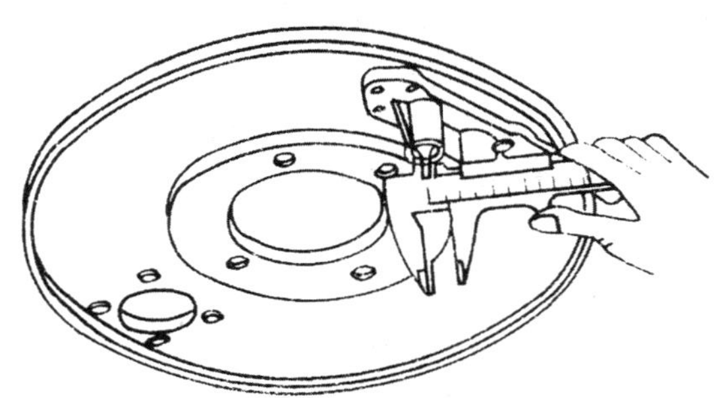
图1-2-32 检查制动底板支撑销孔磨损

5. 轮毂轴承

轮毂轴承不允许烧坏，轴承外圆与承孔配合为-0.06 ~ +0.07 mm。轴承内圆与轴颈配合间隙应≤0.10 mm。拆轮毂前先检查摩擦片与制动鼓的间隙以及凸轮所处的位置，安装时要保证凸轮在最低位置时摩擦片与制动鼓的间隙为0.20 ~ 0.40 mm。

6. 制动凸轮轴

制动凸轮与制动蹄端面磨损应≤0.3 mm，刹车推杆凸轮轴套配合间隙应≤0.4 mm。表面严重磨损时，应更换或用电焊修复。用千分尺检查制动凸轮轴轴颈，如图1-2-33所示，若轴颈与支架衬套的磨损超过标准，可更换或镀铬，电焊后磨圆修复。凸轮轴轴颈与支架座孔配合要求见表1-2-6所示。

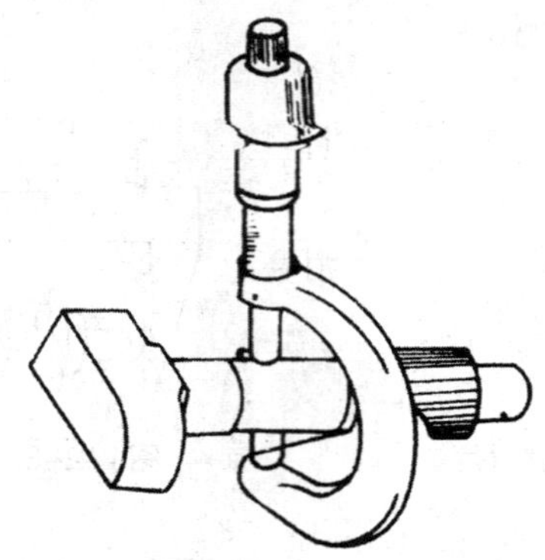

图1-2-33　用千分尺测量制动凸轮轴轴颈

表1-2-6　凸轮轴轴颈与支架座孔配合间隙

车型	前制动凸轮轴颈与支撑孔		后制动凸轮轴颈与支撑孔	
	规定/mm	使用极限/mm	规定/mm	使用极限/mm
东风EQ1090E	0.032～0.15	0.80（换衬套）	0.34～0.55	1.2（换衬套）
解放CA1091	0.025～0.171	0.40	0.31～0.49	0.50

（四）鼓式车轮制动器的装配

装配可按拆卸的相反方向进行。用千斤顶顶起车桥，使车轮离地至能自由转动，松开制动蹄支点销的固定螺母。

（1）装上制动底板，交叉拧紧固定螺栓（如是铆钉紧固，则用铆钉）。

（2）装上蹄片轴，套上弹簧垫圈后装上螺母。

（3）装上制动凸轮支撑座和螺栓，装上弹簧垫圈和螺母，穿上钢丝锁线，再将螺母拧紧。

（4）分别在支撑座和支架的座孔中衬套。

（5）在后桥壳上装上制动凸轮支架。

（6）将支撑垫圈套在制动凸轮上，并把制动凸轮花键端穿过制动底板支撑座及支架，再装上调整垫片、调整臂总成和垫圈，锁好开口销。**注意：**制动凸轮左右不能装反。

（7）将制动气室总成装在支架上，再把制动气室推杆与调整臂用连接销连接，然后锁好开口销。

（8）按原标记装上制动蹄片，用弹簧拉钩将回位弹簧装上。

（9）装上蹄片轴垫板，并装好开口销。

（10）装上轮毂内油封和内轴承。

（11）装上轮毂总成，再装上轮毂外轴承和调整螺母，调整轴承预紧度。

（12）依次装上油封外壳、外油封、锁紧垫圈和锁紧螺母。

（五）鼓式车轮制动器的调整

1. 轮毂轴承预紧度调整

将调整螺母拧到底，再退回1/8 ~ 1/4圈，车轮应转动灵活，无轴向间隙感觉，否则重新调整。调整符合要求后，用锁片将锁止螺母锁住。

2. 制动蹄片的调整

（1）拆下制动鼓上的检查孔片，使用塞尺检测，松开制动蹄支承销固定螺母和凸轮轴支架紧固螺母。

（2）将标记相对的两个支点销向外转动，如图1–2–34所示。先使蹄片下端向制动鼓靠近，再转动制动臂调整蜗杆，使蹄片上端向制动鼓靠近。反复拧动制动蹄支承销和调整臂的蜗杆轴，使制动蹄摩擦片与制动鼓完全接合，如图1–2–35所示。

（3）按相反方向转动制动臂，将调整蜗杆轴松回3 ~ 4响（1/2 ~ 2/3转），使摩擦片与制动鼓脱离接触，制动鼓转动应灵活，无摩擦声，间隙符合标准要求。

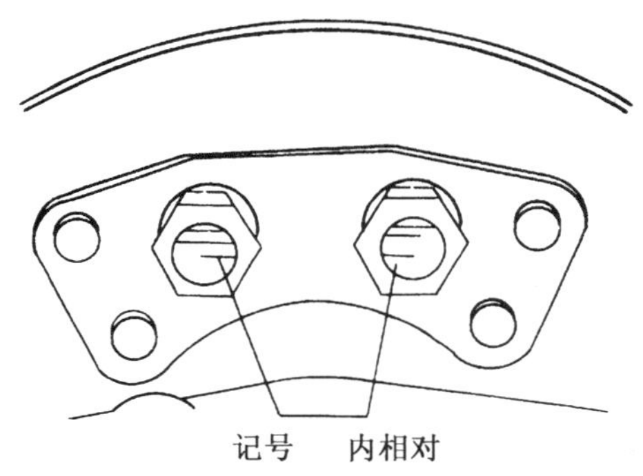

图1–2–34　蹄片支撑端部标记

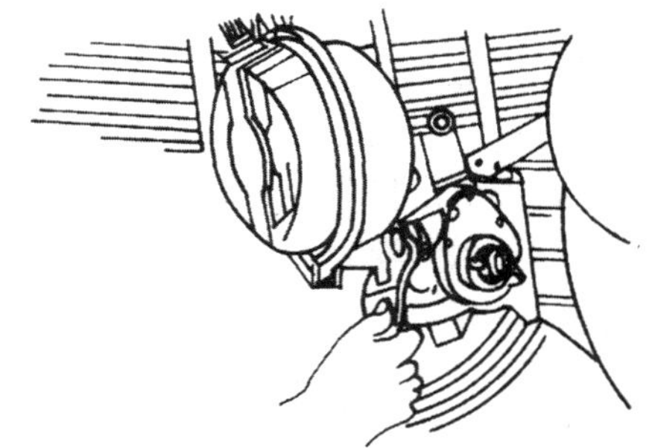

图1–2–35　用调整臂调整制动间隙

解放CA1091上端（凸轮轴）：0.40 ~ 0.70 mm 下端（支承销端）：0.20 ~ 0.50 mm。

东风EQ1092上端（凸轮轴）：0.40 ~ 0.70 mm 下端（支承销端）：0.25 ~ 0.40 mm。

（4）拧紧凸轮轴支架和制动蹄支承销轴的紧固螺母，如图1–2–36所示。

（5）同一端两蹄间隙之差应≤0.10 mm，制动气室推杆行程应为（25 ± 5）mm。

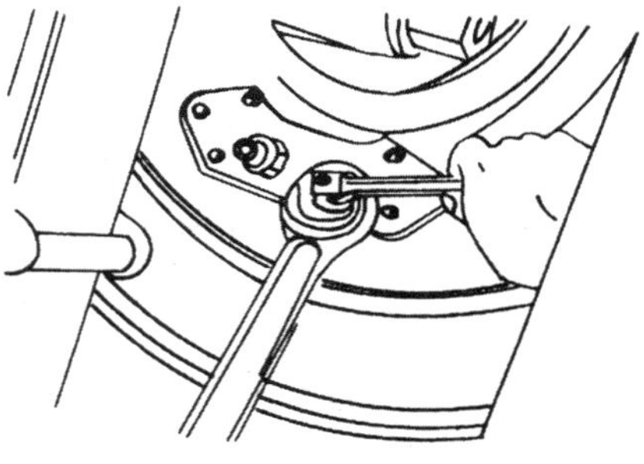

图1–2–36　紧固支撑销固定螺母

3. 鼓式车轮制动器间隙的调整

车轮制动器间隙的调整分局部调整和全面调整两种。局部调整只需调整制动蹄的张开端，通常是车辆在运行过程中因蹄鼓的间隙变大而进行的调整。全面调整需同时调整制动蹄片两端的位置，通常是更换制动蹄衬片或镗削制动鼓后，为保证制动蹄与制动鼓的正确接触而进行的调整。对于不设置固定端的自动增力式车轮制动器而言，没有全面调整和局部调整之分。全面调整的步骤如下：

（1）松开凸轮轴支架的固定螺栓，使凸轮获得一定的自由度，以便其自动找正中心。

（2）转动调整臂的蜗杆轴使制动蹄压向制动鼓，直至蜗杆轴不能再转动为止。晃动凸轮轴支架，使凸轮位置居中。

（3）向可以转动的方向转动两支承销，直至制动蹄片固定端抵住制动鼓，支承销不能再转动为止。

（4）重复（2）、（3）两步，直至制动蹄片的两端均抵住制动鼓，蜗杆轴和支承销不能再转动为止。在此位置上，先将凸轮轴支架固定和支承销固定，然后转动调整臂的螺杆轴，使制动蹄片退回，两端出现间隙。

（5）用厚薄规检查制动蹄鼓的间隙应符合要求。

（六）检试鼓式车轮制动器

（1）制动蹄应能灵活工作。

（2）制动鼓应转动自如，无卡滞、无摩擦声、无松旷。

（3）制动是否可靠，解除制动后蹄片能否迅速回位。

九、检修盘式车轮制动器

（一）拆卸

盘式车轮制动器的拆装分解图如1–2–37所示

（1）松开车轮螺母，用千斤顶支起前桥并卸下车轮。

（2）松开制动钳体的紧固螺栓（紧固扭矩70 N · m），前轮制动器即可与车轮分离。

（3）拧松制动器罩的螺栓，制动器罩即可以从转向节体上取下。

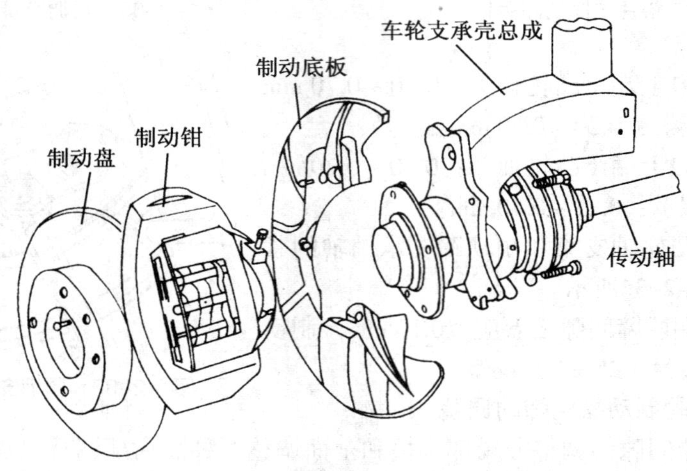

图1–2–37　盘式车轮制动器分解图

（4）松开制动软管接头，并用容器收集制动液。

（5）拆下上、下定位螺栓，用手卸下制动器摩擦片上、下定位弹簧，如图1–2–38所示。

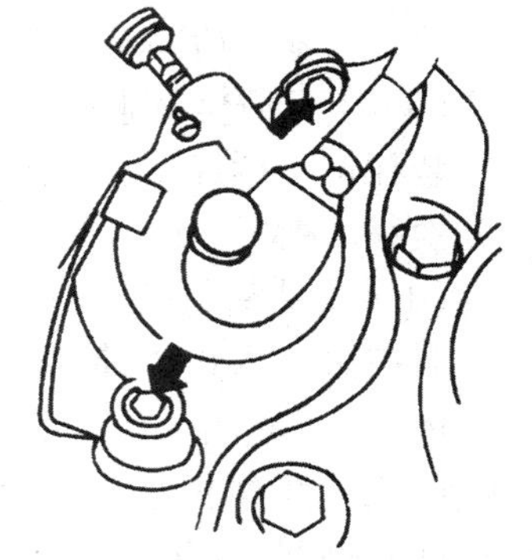
图1–2–38　拆下上、下定位螺栓

（6）用扳手拧松并拆下上、下固定螺栓。

（7）取下制动钳壳体。

（8）从支架上拆下制动摩擦片。

（9）用撬杆把制动钳活塞压回到缸筒底部（制动钳壳体内）。在压回活塞之前，应先从制动液储液罐中放出制动液，收集并存放在专用容器里，以免活塞压回时引起制动液外溢而损伤车身漆膜。

（10）拆下制动钳导销和制动钳，把制动钳挂在悬架弹簧上，对着制动钳支板，按住防震夹取下摩擦衬片。

（11）卸下制动盘固定螺母，取下制动盘。

（12）在活塞对面垫上木板，用压缩空气从放气螺钉孔中把活塞压出气缸。

（13）用螺丝刀小心地从缸筒上取出密封圈。

（二）清洗零件

用清洗剂将拆散的全部零件放在托盘内进行彻底清洗。

（三）主要零件检测及修理方法

1. 制动盘

（1）可用敲击法、直观法等检查制动盘有否出现裂纹和凹凸不平现象，如有凹凸不平现象，应进行车削加工，但加工后的厚度应≥17.8 mm。如有变形、破裂、磨损呈台阶状或表面拉槽深度≥0.50 mm时，应更换新件。

（2）用带专用架的百分表或弓形内径百分表检查制动盘工作面的磨损情况，其端面的跳动量应≤0.06 mm，摩擦衬片磨损后，厚度减薄达极限值（或磨损至报警灯发亮）时应更换新摩擦衬片。当圆度和圆柱度误差>0.25 mm，以及工作表面与轮毂轴承中心线的同轴度误差>0.50 mm时，应对制动盘工作面进行车削加工修复。

（3）用百分表测量制动盘端面的跳动量，应≤0.06 mm。

2. 制动摩擦片

（1）检查制动蹄片是否有油污、起槽、爆裂或硬化现象。

（2）当制动摩擦片厚度（包括底板）<7 mm时，说明摩擦片已磨损到极限，必须更换新的摩擦片。在许多车辆上采用了报警装置，当摩擦片磨损至一定程度时，报警簧片与旋转的制动盘接触，就会发出尖叫声。簧片与制动盘的接触不会对盘造成损伤，但是如再继续使用，摩擦片过度磨损至摩擦片背板露出，就会损伤制动盘。因此，当簧片发出尖叫声，应及时更换制动摩擦片。

3. 制动钳

重点是检查活塞与缸筒的间隙，如果间隙>0.15 mm时或缸筒壁有较深的划痕时，应更换制动钳总成。检查制动钳壳体应无裂纹、损坏和变形，否则应更换新件。

4. 制动轮缸

检查活塞、活塞座和制动分泵密封圈等是否磨损、损坏或变形。

（四）装配与调整

装配可按拆卸的相反方向进行。应注意润滑制动钳的滑轨或滑销。装复后，应踩下几次制动踏板，检查制动盘的运转是否有较大阻力。具体步骤如下：

（1）安装密封圈和防尘套。安装时应注意带外密封唇边的防尘套，应先用螺丝刀将密封唇边掀入钳体的槽口内，然后再用专用工具将活塞压入缸筒内，接着将活塞装入钳体。

（2）装上摩擦片。由于新制动块总成比旧件的厚度大，在装配制动块前应将制动钳的活塞推回一定距离。为减小推压活塞回位时的阻力，可将制动钳上的放气螺钉拧开。

（3）装上制动钳，用40 N·m的扭矩拧紧紧固螺栓。

（4）安装上、下定位弹簧，如图1-2-39所示。

（5）安装制动钳体，用70 N·m的扭矩拧紧螺栓。

（6）安装完毕后，停车时用力将制动器踏板踏到底数次，以便使制动摩擦衬片安装到位，并配合系统放气。

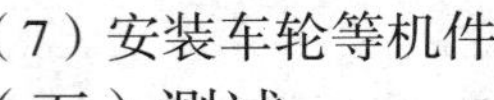

（7）安装车轮等机件。

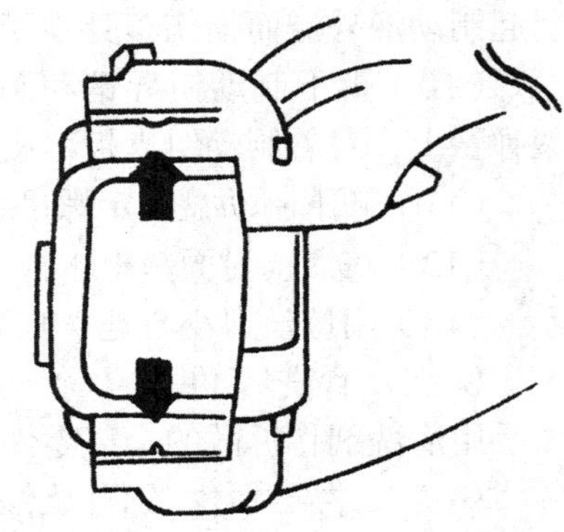

图1-2-39 安装上、下定位弹簧

（五）测试

（1）由于盘式车轮制动器的制动轮缸中装有弹性密封圈，用以自调间隙，所以安装完毕后，应用力将制动踏板踩到底数次，使制动器摩擦片能正常就位，制动器间隙自动调整。

（2）安装完成以后，应该按维护的技术和步骤进行排放系统内空气，并使摩擦片能正确就位后进行调整，使之符合技术要求。

十、检修液压制动总泵

（一）分解

（1）放出制动液。拆下制动总泵至制动管路的连接管，拆下制动储液罐。

（2）旋出总泵与真空助力器的连接螺母，取下总泵及密封垫。

（3）如图1-2-40所示，拆下连接螺钉，拔出储液罐，从油池上拆下盖子和滤清器。

（4）把泵体夹在台虎钳上，拆下密封圈和活塞定位螺钉，如图1-2-41所示。

（5）用十字形螺丝刀直推活塞，拆下限位螺钉和垫片。

（6）推进活塞，用卡环钳取出卡环，如图1-2-42所示。

（7）在两木块之间轻轻下敲泵体，使活塞露出，取出活塞，如图1-2-43所示。

（二）清洗零件

用制动液清洗所拆下的全部零件。橡胶件用棉纱擦拭干净。

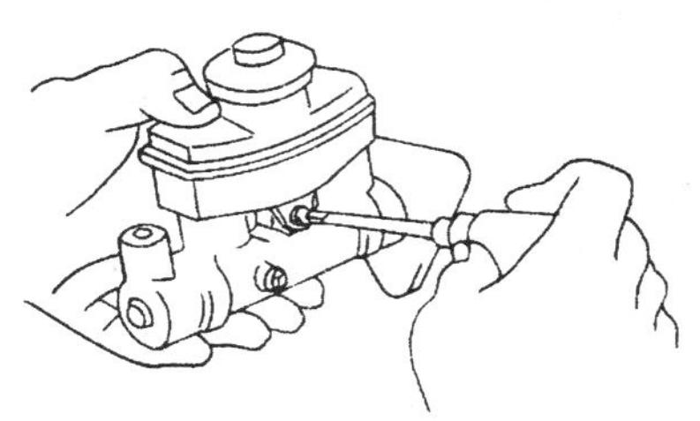
图1-2-40　拆下连接螺钉

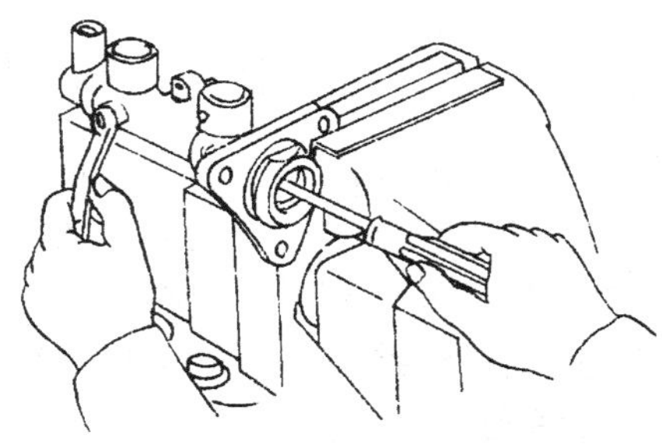
图1-2-41　拆下定位螺钉

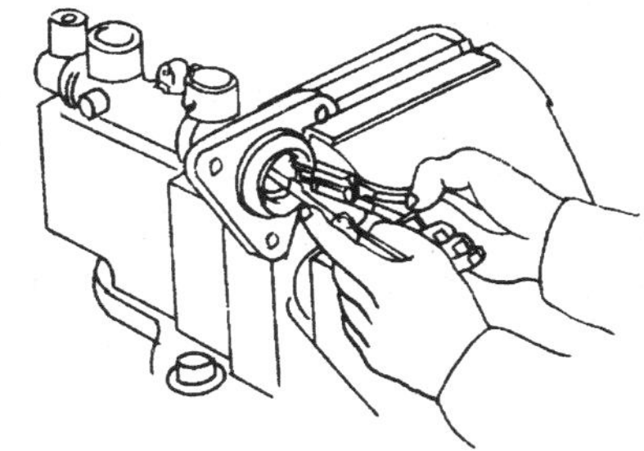
图1-2-42　拆下卡环

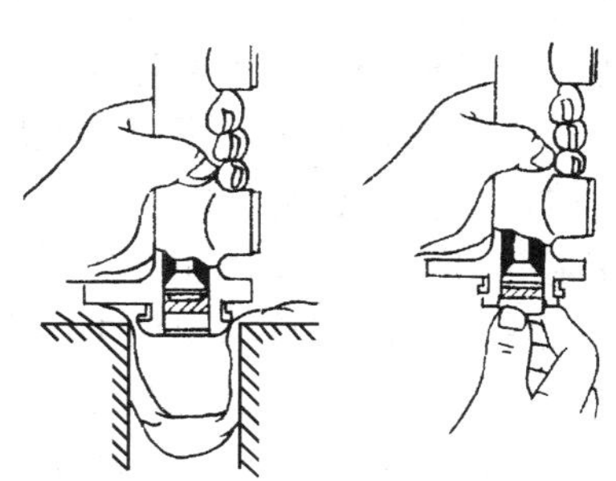
图1-2-43　拆下活塞

（三）主要零件检测

（1）检查活塞与缸筒之间的间隙应≤0.13 mm，否则更换主缸。

（2）检查缸壁上有无明显的划痕，如有则应更换主缸。

（3）主缸回位弹簧不得有损伤，变形或弹性下降应更换新件。

（4）检查阀门、弹簧、垫圈是否完好，若有损坏须更换新件，皮碗和皮圈维修时一律要换新件。

注意：桑塔纳轿车的制动主缸不允许分解和修理，若有损坏更换总成。

（四）装配与调整

（1）把两个弹簧和活塞装入泵体的缸筒中，然后用卡环钳装上卡环。

（2）用十字形螺丝刀直推活塞，再装上定位螺钉。

（3）装上密封圈，如图1-2-44所示。

（4）把盖子和滤清器装到油池上后，将油池压到泵体上，再装上连接螺钉。

（5）将总泵及密封垫装到制动助力器上，并拧紧螺母。

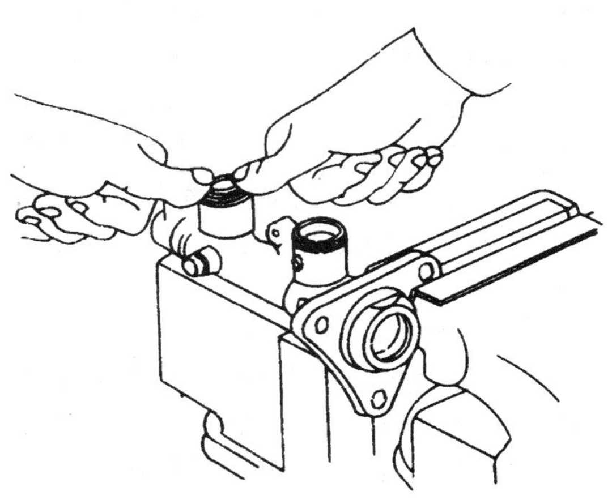
图1-2-44　装复密封圈

十一、检测自动变速器油压

自动变速器的控制油压正常与否，对自动变速器的工作影响很大。油压过高，会造成自动变速器换挡时冲击过大，液压系统也容易损坏；油压过低，会使离合器、制动器等换挡执行元件打滑，影响自动变速器的正常工作，而且加速了离合器和制动器摩擦片的磨损，严重时会导致摩擦片烧坏。

1. 测试目的

油液在自动变速器中的流动方向与路径无法通过视觉直观看到，也无法像检查电气线路一样逐段测试检查，只能通过对油液压力的测试来分析判断。液压控制系统在使用过程中，虽然会出现各种各样的故障，但主要的原因不外乎是：液压系统密封不良，造成压力降低，甚至无压力；液压元件及油道等因堵塞或磨损导致压力升高或部分无压力或压力低（密封件的损坏、油液的油污、控制滑阀的卡滞都可能造成泄漏与堵塞，引起液压系统压力不正常变化）。采用液压测试法可准确了解系统的压力状况。自动变速器的同一故障现象可能有多种原因导致，例如自动变速器离合器打滑，故障原因既可能是机械部分的摩擦元件损坏，也可能是液压系统压力低使离合器片压紧力不够，而通过液压测试便可分辨出是否是液压系统故障所致。

2. 准备工作

（1）行驶汽车，使发动机及自动变速器达到正常的工作温度。

（2）将车辆停放在水平路面上，检查发动机怠速和自动变速器油的油面高度，如不正常，应进行调整。

（3）用垫木挡住车辆前后轮，用驻车制动器完全制动。准备一个量程为2MPa的压力表。

（4）找出自动变速器各个油路测压孔的位置。通常在自动变速器外壳上有几个用方头螺塞堵住的用于测量不同油路油压的测压孔，如图1–2–45所示。如果没有资料确定各油路的测压孔时，可用举升器将汽车升起，在发动机运转时分别将各个测压孔螺塞松开少许，观察各测压孔在操纵手柄位于不同挡位时是否有压力油流出，以此判断各油路测压孔的位置。判断的方法如下：

1）操纵手柄位于前进挡或倒挡时都有压力油流出，为主油路测压孔。

2）操纵手柄位于前进挡时才有压力油流出，为前进挡油路测压孔。

3）操纵手柄位于倒挡时才有压力油流出，为倒挡油路测压孔。

4）操纵手柄位于前进挡，并且在驱动轮转动后才有压力油流出，为调速器油路测压孔。

3. 试验方法

几乎每个自动变速器都有检测主油路压力的测试接点，检测时要先在自动变速器壳体上找到主油路压力测试接点，并接好油压表。

（1）怠速或发动机转速为1 000 r/min空负荷油压的测试。用举升机将汽车举起，使驱动轮离地，将选挡手柄置于所需要的挡位，让发动机在怠速或转速为1 000 r/min时放松对车轮的制动力，通过油压表测得的油压值称为怠速油压。发动机的怠速转速大多为（750±20）r/min，有时为了统一测试标准，而把发动机转速在1 000 r/min的情况下测得的油压也作为怠速油压。怠速油压反映了自动变速器工作的最小工作压力。在这种情况下，将选挡手柄从P→L各个挡位均进行测试，将测试结果记录下来，便于以后进行故障分析。

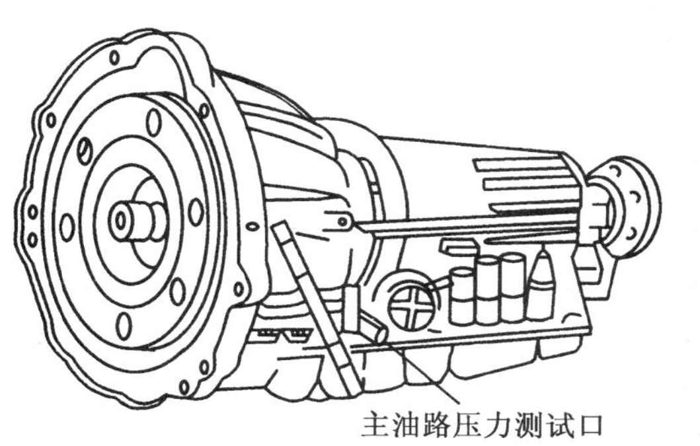

（a）丰田A340、A341自动变速器油压测试点

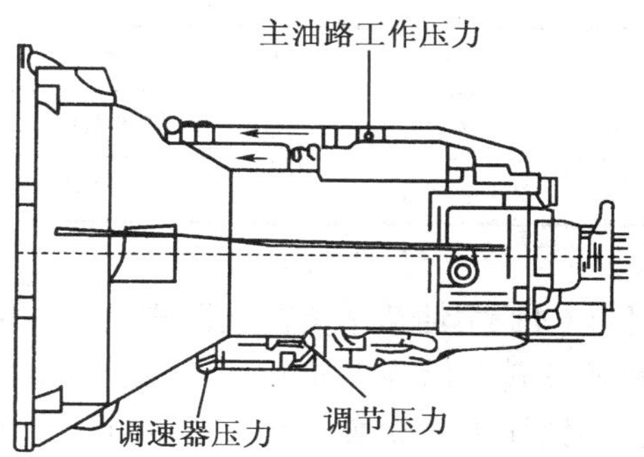

（b）奔驰自动变速器油压测试点

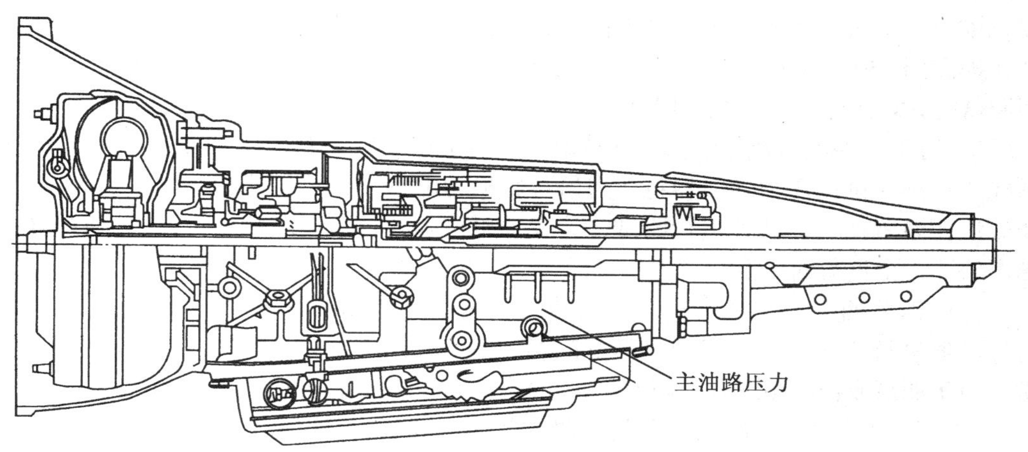

（c）福特A4LD自动变速器油压测试点

图1-2-45　几种车型自动变速器油压测试点位置

（2）行驶挡位发动机怠速与零车速油压测试。在完成基本操作后，拉紧驻车制动并踏住制动踏板，将选挡手柄置于行驶挡位各前进挡与倒挡，让发动机处于怠速状态，这时通过油压表测得的数值即为怠速状态下的变速器主油路压力值。此油压值主要反映了变速器在大负荷状态下的油压调节与保持能力，以及换挡控制油路是否有泄漏。这个压力应与空负荷时的压力相差不大，但在倒挡时油压应有所提高。

（3）主油路行驶挡失速油压测试。汽车在大阻力、变速器在大驱动负荷情况时，变速器液压系统自动将主油路油压提高，使驱动结合更可靠，而变速器失速状态也就是最大负荷状态，因此需要测试变速器失速状态的油压。测试操作方法是将变速器选挡手柄置于行驶挡后，踏住制动踏板，迅速将加速踏板踩到底，读出失速速度所对应的油路压力。读取油压表上的数据后就放开加速踏板与制动踏板，这样一个挡位试验完成后，置于P、N位，稍等片刻再进入其他挡位测试。用同样方法进行R挡的试验，试验测得的油路压力应符合表1-2-7的值。

表1-2-7 自动变速器油路压力

D挡		R挡	
怠速/kPa	失速/kPa	怠速/kPa	失速/kPa
263 ~ 422	922 ~ 1 058	618 ~ 794	1 667 ~ 1 902

（4）主油路全负荷油压测试。失速油压测试虽然可测试到油压的升高情况，但发动机的转速始终不能升高，加上测试的保持时间只有几秒钟，故不能真正反映变速器主油路压力的真实情况。全负荷压力测试就是在节气门最大开度时测得的油压。操作时有如下两种方法：

1）对于有节流控制阀拉线或真空控制装置的自动变速器，将拉线拉到底或对真空膜盒施以发动机大负荷时进气管道内的真空压力，使驱动车轮离地，挂挡后使发动机转速提高到2 500 r/min以上，这时测得的油压值即为全负荷油压值。这样操作可避免路面测试的繁琐工作，节省大量时间。

2）对于一些无节流控制阀拉线或真空装置的电控液动变速器，可接好测试表及传感线（这种测试用压力转换器将压力信号转换为电信号，传送给数字万用表显示，操作方法比较方便），然后进行路试，让发动机进入大负荷工况牵引汽车，这时测得的油压值即为全负荷油压值。

将选挡手柄拨至空挡位置，让发动机怠速运转1 min以上，将测得的主油路油压与标准值进行比较。不同车型自动变速器的主油路油压不完全相同，若主路油压不正常，说明油泵或控制系统有故障。

（5）调整器油压的测试。在测试调整器油压时，应当用举升器将汽车升起或用千斤顶将驱动桥顶起，也可以接上压力表后进行路试。

1）将选挡手柄拨至D挡位置。

2）松开驻车制动拉杆，缓慢地踩下油门踏板，让驱动轮转动。

3）读取不同车速下的调整器油压。

4）将测试结果与标准值进行比较。

第三节 电器设备

一、检测发电机（无电刷式）

1. 无电刷式发电机分解拆卸顺序

拆下后保护盖螺钉→取出后保护盖→拆下后轴承防尘盖→拆下定子与整流器连接线螺钉→拆下整流固定螺钉→拆下整流器→做好前后端盖安装位置记号→用挤压或轻

击方法分离转子、定子和后端盖→取出后端盖→拆下转子绕组固定螺丝→取出转子绕组→拆下皮带轮螺母及垫圈→取出皮带轮→取出风扇叶→取出垫圈、半圆花键销→拆下前轴承盖螺钉→用拉爪拆下前轴承。

具体拆卸步骤如下:

（1）清洁发电机外表的油污和灰尘。

（2）拆下后端盖上硅整流组合件的保护罩。

（3）拆下后轴承防尘箍。

（4）旋出固定在硅整流组合件上的定子线圈的3个接头的固定螺钉，拆下发电机接线柱螺钉（注意垫片），取出整流器。

（5）旋出连接前后端盖的螺栓，拆下定子。

（6）拆下转子绕组固定螺钉，取出转子绕组。

（7）在前端盖、定子和后端盖配合连接处的边缘上划一直线，作为装复时的标记。

（8）用木锤轻击前端盖或后端盖，使前、后端盖松动并分离。

（9）拆下皮带轮螺母及垫片，取出皮带轮、风扇叶（注意垫片）。

（10）拆下前轴承盖螺钉，取出前轴承盖。

2. 转子总成的检查

（1）磁场绕组。将万用电表拨至电阻R×1 Ω挡，然后将两表笔分别与2个滑环接触，测量其电阻值，如图1–3–1所示。一般为3～5 Ω（12 V发电机为3～5 Ω，24 V发电机为16 Ω）。若电阻值符合规定，说明磁场绕组良好；若电阻值为无穷大，说明磁场绕组断路；若电阻值小于规定值，说明磁场绕组短路。

（2）磁场绕组搭铁。将万用电表拨至R×10 kΩ挡，然后将一表笔触及滑环，另一表笔接触爪极或转子轴，如图1–3–2所示。若万用电表指针不摆动，说明绝缘良好；若指针摆动，说明绝缘不良。

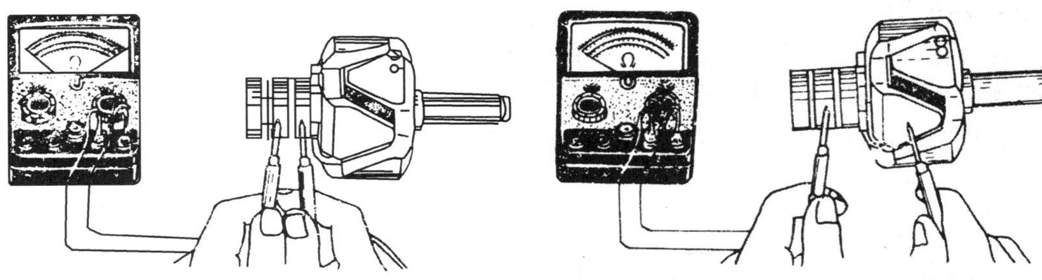

图1–3–1　用万用电表检测磁场绕组电阻　　图1–3–2　用万用电表检测磁场绕组搭铁

（3）转子铁心及转子轴。转子铁心不得有松动现象。转子轴直线度的检查，如图1–3–3所示。轴外圆与滑环对其轴线的径向跳动应≤0.10 mm，否则应进行校正。

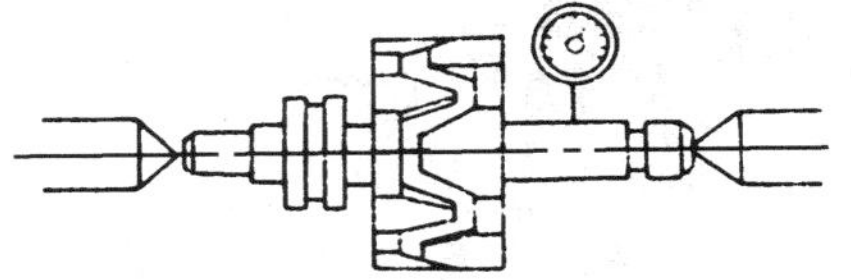

图1–3–3　转子轴直线度检测

（4）滑环的检查。仔细观察滑环表面，应

平整光滑。若有划伤或沟槽，应用00号砂纸磨光。用游标卡尺测量滑环的外径，如图1–3–4所示。最小外径应大于标准直径0.5 mm，否则更换部件。测量滑环厚度，应大于2 mm。

3. 定子总成的检查

（1）线圈两相间短路。目测线圈漆包线，如发现变成焦褐色或严重脱漆皮，则说明定子线组有短路。用万用电表R×1 Ω挡测量，如图1–3–5所示。注意：定子线圈的3个接头必须与整流元件拆开，“N”（中性线）接线柱引出线脱焊分离。若两相之间指针不动，说明线圈良好；若两相之间指针偏转，说明两线圈间有短路，应重绕线圈或更换定子总成。

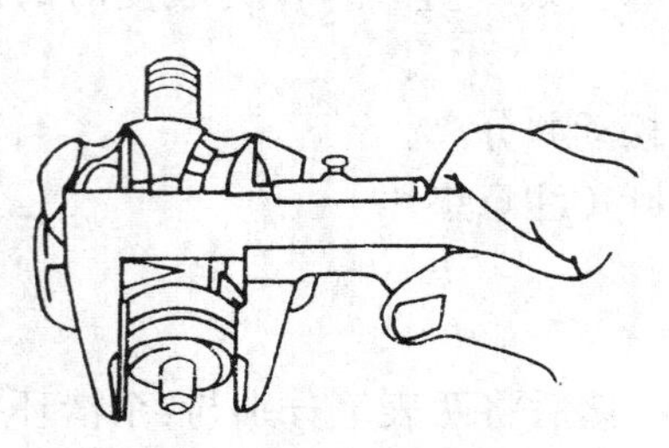

图1–3–4　滑环检查

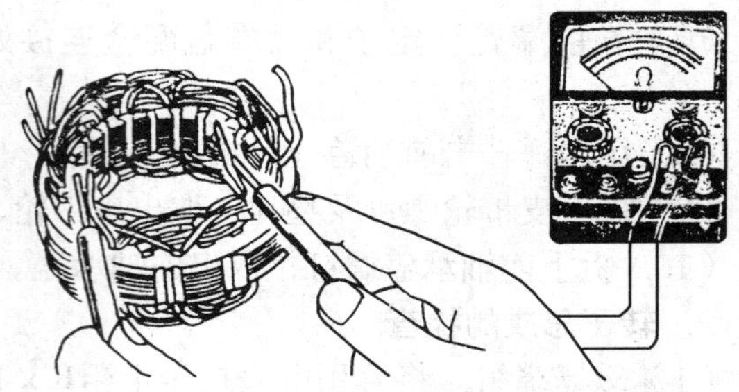

图1–3–5　定子线圈短路检查

（2）定子线圈检查。用万用电表R×1 Ω挡测量检查，如图1–3–6所示。若电阻值小于标准值，说明线圈有短路；若电阻值为零，说明线圈搭铁短路；若电阻值为无穷大，说明线圈断路。

（3）定子线圈3个连接线端的电阻。3个接头中任意2个都应连通，阻值应相等。如测出的电阻值过大或过小时则表示线圈断路或短路。

（4）定子绕组搭铁的检查。用万用电表R×10 kΩ挡测量检查，如图1–3–7所示。若接至某相表针摆动，说明该相有搭铁故障，应重绕线圈或更换定子总成；若指针不摆动，说明线圈良好。

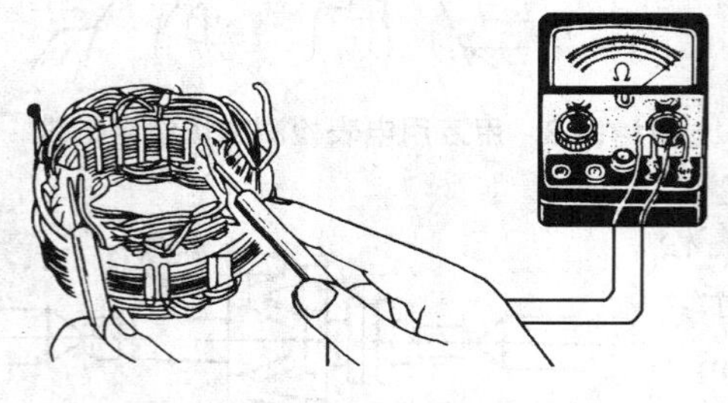

图1–3–6　定子线圈断路检测

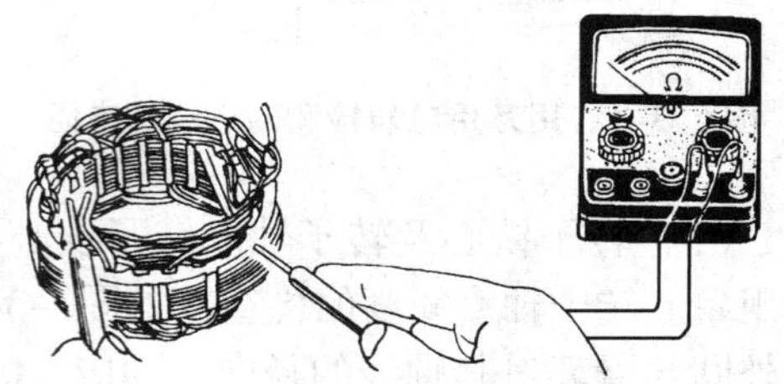

图1–3–7　定子线圈搭铁检测

4. 硅二极管整流器的检查

测量硅二极管的好坏，就是测其单向导电性。使用指针式万用电表测量，如图1–3–8和图1–3–9所示，正表笔搭散热板（外壳），负表笔搭引出线，若指针摆动，为正极管；若指针不动为负极管。

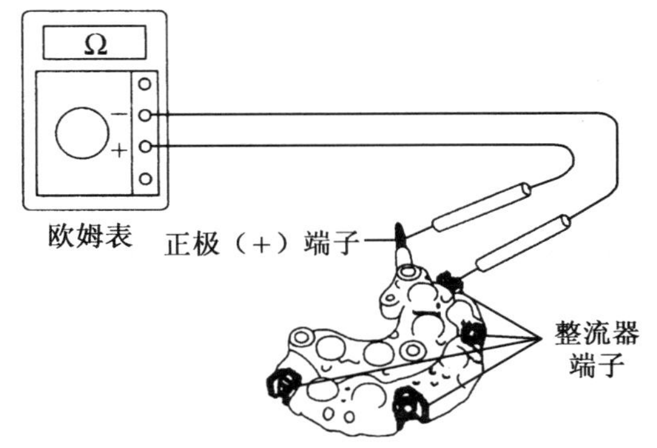

图1–3–8　正极端子与整流器端子导通检查

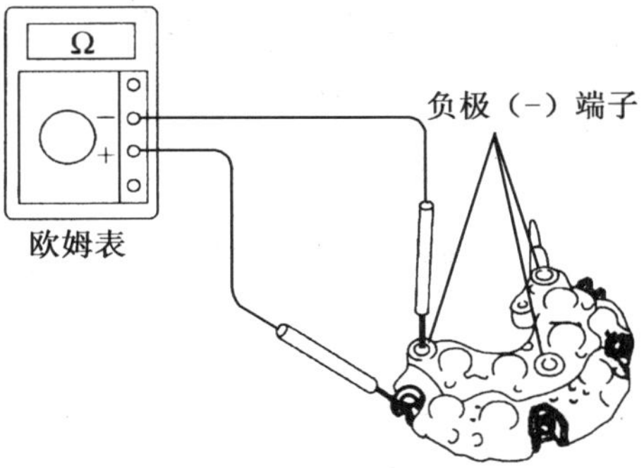

图1–3–9　负极端子与整流器端子导通检查

（1）正极管（红色）测量（外壳为负极，引出线为正极）。用正表笔搭散热板即外壳，负表笔搭引出线即正极，测得正向电阻值应为8 ~ 10 Ω。用负表笔搭散热板即外壳，正表笔搭引出线即正极，测得反向电阻值应>10 kΩ。

（2）负极管（黑色）测量（外壳为正极，引出线为负极）。用负表笔搭散热板即外壳，正表笔搭引出线即正极，测得正向电阻值应为8 ~ 10 Ω。用正表笔搭散热板即外壳，负表笔搭引出线即正极，测得电阻值应>10 kΩ。

若测得正、反电阻值均为零，则二极管短路；若测得正、反电阻值均为无穷大，则二极管断路，均应更换二极管。

5. 前后端盖及轴承的检查

（1）前后端盖应无裂纹或变形，轴承外圈与端盖配合间隙应符合标准。

（2）轴承的检查如图1–3–10所示。发电机总成解体后，用薄刀片轻轻将轴承密封件撬开，将轴承浸于煤油中清洗。洗净后，检查轴承滚珠和内外圈的松动情况。松动量不大时充填大于3号的锂基润滑脂，若过量磨损应更换新件。轴承应无松旷和转动异响，无裂纹、无卡滞，油封应完好，否则应更换。

6. 发电机的装复检查

（1）按与分解相反的顺序进行，将转子安装到驱动端壳上，然后安装好整流器端壳及皮带轮。

（2）安装整流器座、IC调压器和电刷座，如图1–3–11所示。应注意电刷座安装方向。

（3）发电机装合后，要求转子转动自如、无卡滞、无异响。

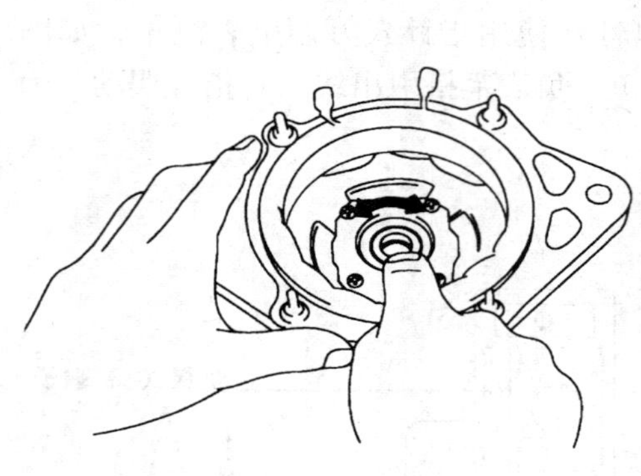

图1-3-10 轴承检查

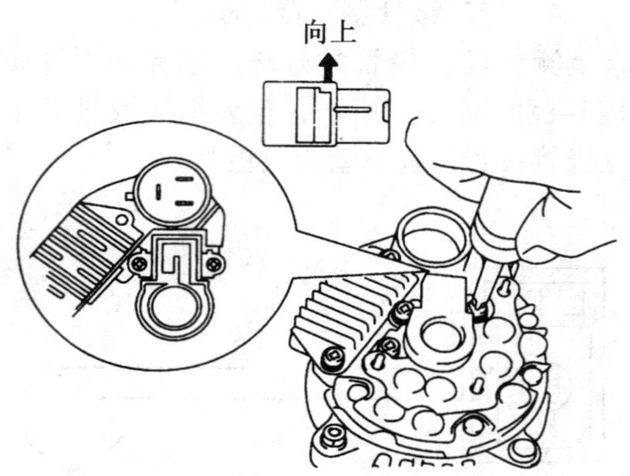

图1-3-11 整流器座、IC调压器和电刷座安装

二、检测起动机

（一）分解顺序

拆下电磁开关与直流电机连接的铜片→做好电磁开关安装位置记号→拆下电磁开关固定螺栓→拆下开口销，取出拨叉定位销→拆下电磁开关→做好直流电机的安装位置记号→拆下防尘箍→拆下（两正极）电刷→旋出穿心螺栓→拆下电刷架总成，取出转子后垫片→拆下前端盖→抽出电枢→取出拨叉。起动机的分解如图1-3-12所示。

具体拆卸步骤如下：

（1）清洁起动机外表面，拆下电磁开关与直流电机连接的铜片。

（2）做好电磁开关安装位置记号。

（3）拆下开口销，取出拨叉定位销。

（4）拆下电磁开关固定螺栓，拆下电磁开关。

（5）做好直流电机的安装位置记号。

（6）拧出防尘盖螺钉，拆下防尘箍。

（7）拆下两个正极电刷。

（8）拆下前端盖，抽出电枢，取出后端盖（注意垫片）。

（二）零件检查

1. 定子（磁场）绕组的检查

（1）断路故障的检查，应无断路故障。用万用电表R×1 Ω挡测量电阻值，如图1-3-13所示。若阻值为无穷大，说明励磁绕组断路。最常见的断路多发生在磁场线圈与电刷引线连接的焊接处或各励磁线圈之间的接线处。

（2）搭铁故障的检查。可用万用电表R×10 kΩ挡测量线圈与地线的电阻值，如图1-3-14所示。若万用电表指针不摆动，电阻值为无穷大，说明绝缘良好；若指针摆动，说明励磁绕组的绝缘层击穿或碰伤而造成绝缘不良。

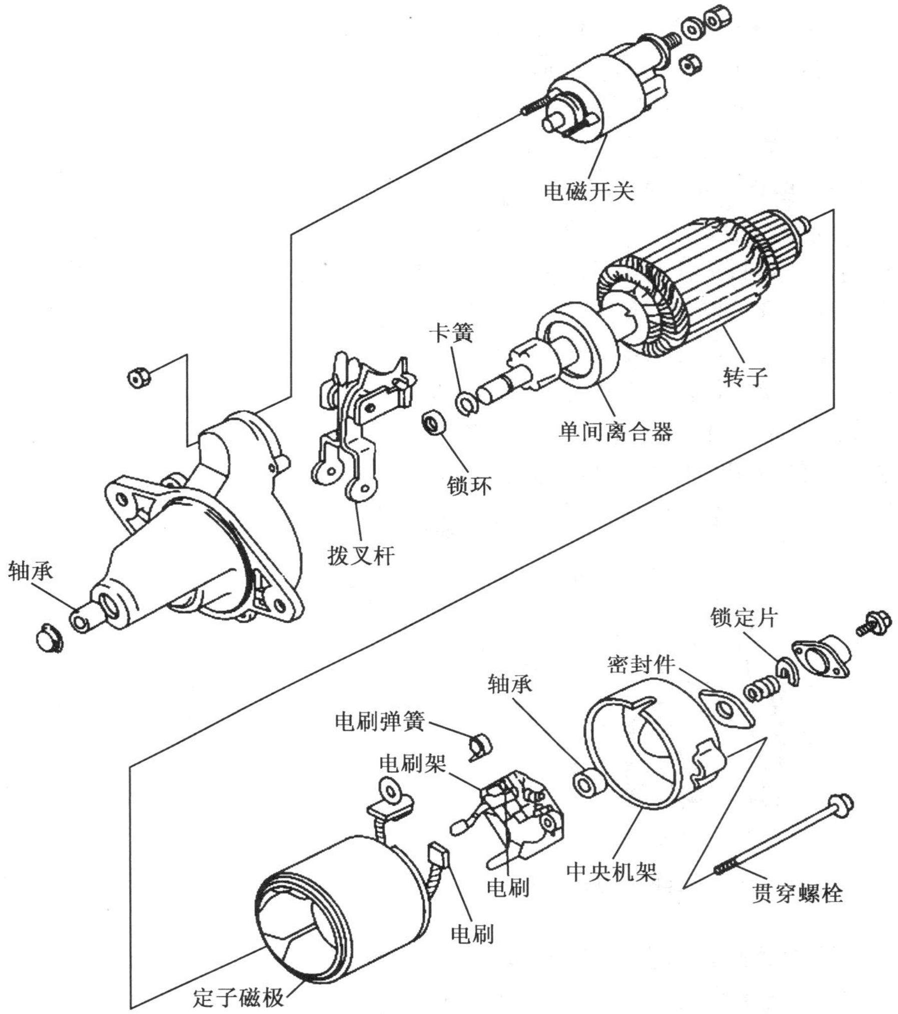

电磁开关
卡簧
转子
单间离合器
锁环
拨叉杆
轴承
锁定片
密封件
轴承
电刷弹簧
电刷架
中央机架
电刷
贯穿螺栓
电刷
定子磁极

图1-3-12　典型起动机分解

万用电表
引线
电刷
起动机
定子外壳

图1-3-13　定子绕组断路故障检测

万用电表
引线
电刷
起动机
定子外壳

图1-3-14　定子绕组搭铁故障检测

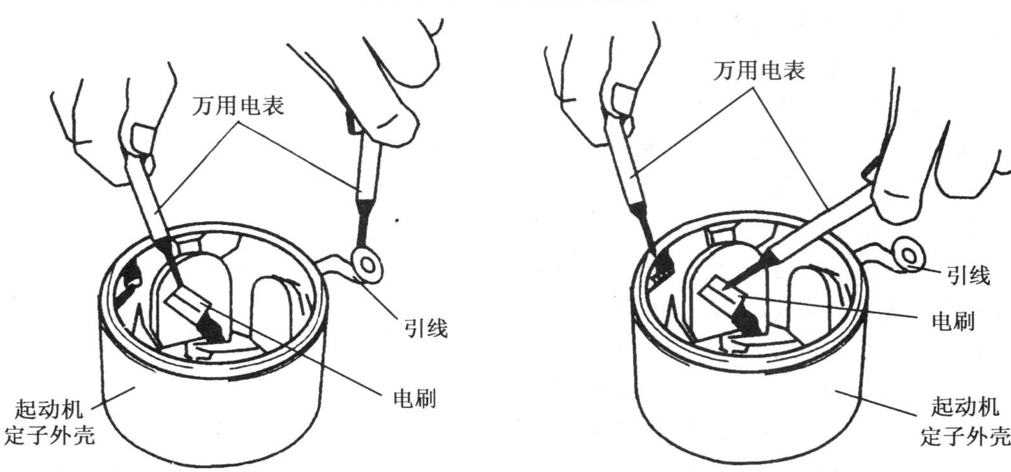

（3）短路故障的检查。当励磁绕组存在匝间短路时，线圈表面有烧焦痕迹。当电刷磨损的铜粉将换向片间的凹槽连通时，也会导致绕组短路。对励磁绕组通2 V的直流电（通电时间≤5 s），用螺丝刀检查每个磁极的电磁吸引力是否相同。如某一磁极吸力过小，说明该磁极上的磁场线圈匝间短路。

2. 转子（电枢）绕组的检查

（1）断路故障检查。一般电枢绕组采用较大截面的导线绕制，因此断路故障只出现在与换向片的焊接处。应察看线圈端头与换向片的焊接点，若有脱焊料熔化流失的痕迹，即可断定此处断路；若发现某换向片严重烧蚀，应注意检查换向片嵌线槽处是否有焊接熔化痕迹。用万用电表R × 100 Ω挡测量相邻两换向器之间的导通情况，如图1–3–15所示。如果有任何一个测点不导通，则表明电枢绕组有断路故障。

（2）搭铁故障的检查。电枢绕组的搭铁故障可用万用电表R × 10 kΩ挡检测换向器和铁心之间的电阻，如图1–3–16所示。用一支表笔接电枢铁心，另一支表笔接换向片，万用电表指示的电阻值应为无穷大；反之，说明存在搭铁故障。

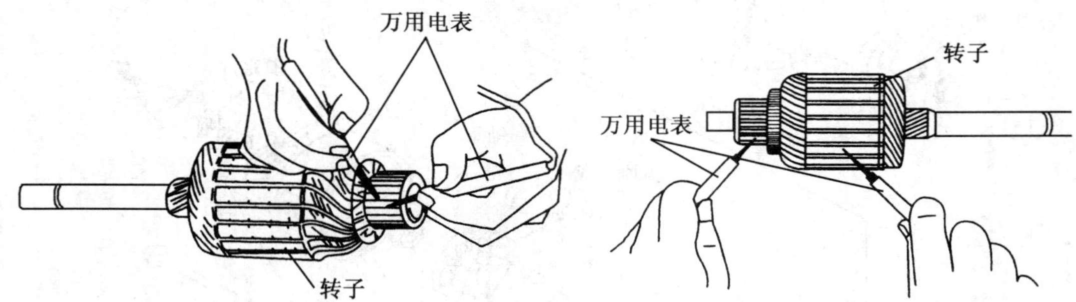

图1–3–15　转子绕组断路故障检测　　图1–3–16　转子绕组搭铁故障检测

（3）匝间短路故障检查。当电刷磨损的铜粉将换向片间的凹槽连通时，也会导致电枢绕组短路。电枢绕组短路只能利用电枢检验仪进行检查，如图1–3–17所示。当测试仪通电后将钢片置于电枢铁心上，边转动电枢边移动钢片，若钢片在某一部位产生振动，则说明该处电枢绕组短路。

（4）换向器检查

1）表面检查。换向器表面应光滑，无严重烧蚀。如表面脏污，可用干净棉纱蘸少量汽油擦拭干净；若表面不平或轻微烧蚀，可用00号砂纸打磨；若表面严重烧蚀或有过深沟槽，可选择尽量小的加工余量去车削修复。当换向片的厚度≤2 mm时，应更换换向器或电枢总成。

2）外径检测。用游标卡尺检测换向器外径尺寸，如图1–3–18所示。换向器外径一般不得比标准值小1 mm以上，否则，应更换转子。换向器圆柱度误差若＞0.25 mm，应更换新件。

3）云母片凹槽深度检查。换向器铜片间绝缘层（云母片）应低于换向片0.4 ~ 0.8 mm，如图1–3–19所示。要求将绝缘层锉低的深度为0.4 ~ 0.8 mm，极限值为0.2 mm。如果云母片凹槽深度低于极限值，可先用锯片修整，再用细砂纸打磨，如图

1-3-20所示。

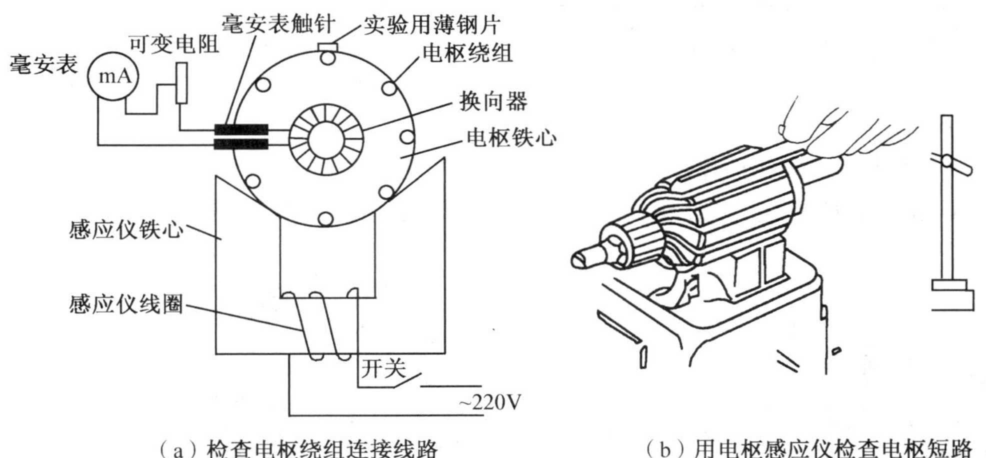

（a）检查电枢绕组连接线路　　（b）用电枢感应仪检查电枢短路

图1-3-17　电枢绕组短路检查

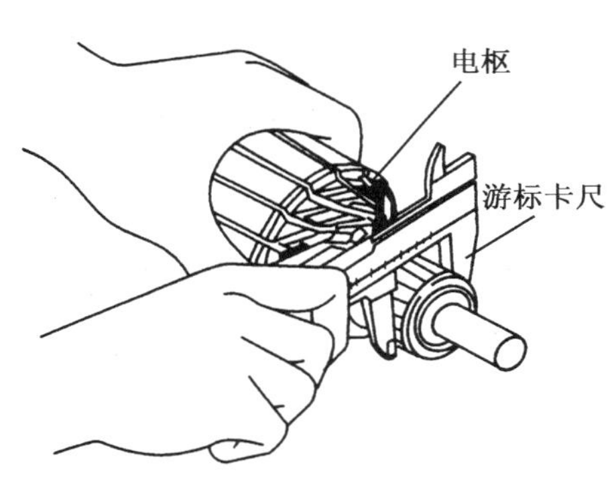

图1-3-18　换向器外径检测

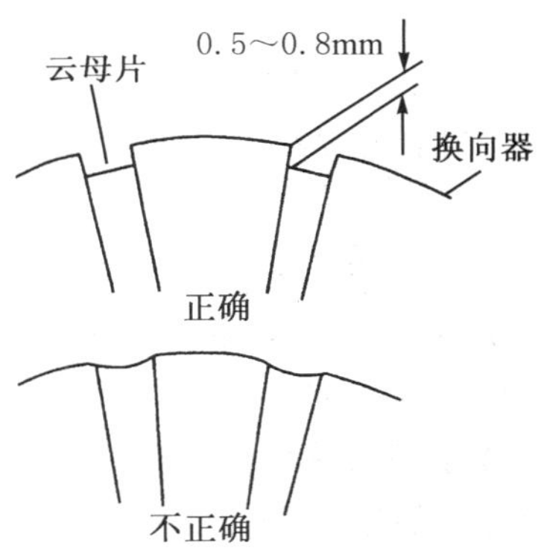

图1-3-19　云母槽深度检测

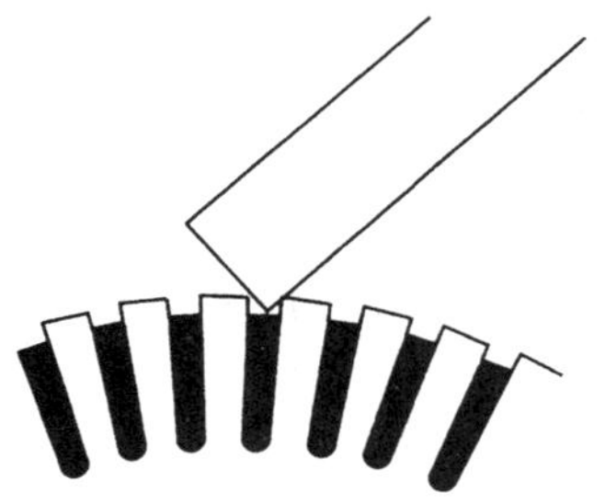

图1-3-20　用锯片修整云母槽

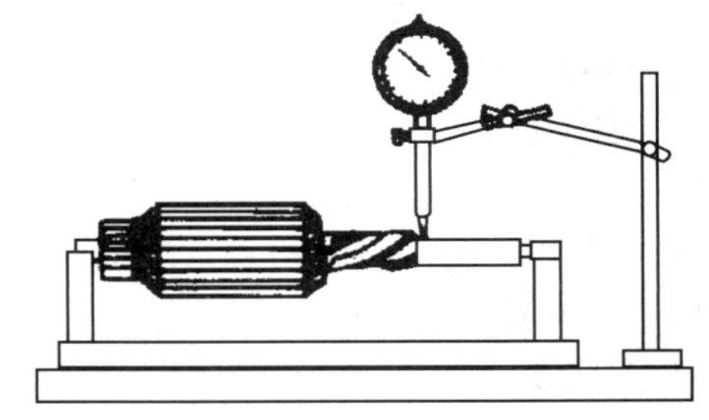

图1-3-21　转子弯曲度检测

（5）转子轴弯曲检查。将转子轴安装于车床两顶针之间，或以V形铁块安放于平板上，以两端轴颈作为支点，用百分表测量径向摆差，检测方法如图1-3-21所示。电枢铁心外圆表面跳动量应≤0.15 mm，换向器轴颈处径向跳动应≤0.05 mm。

3. 电刷、电刷架和端盖的检修

检查电刷弹簧是否折断。用弹簧秤测电刷的弹簧力应为11.7 ~ 14.7 N。用游标卡尺测量电刷的长度，如图1–3–22所示。当电刷的高度小于原高度的2/3时（有些起动机电刷刻有使用极限线），应予以更换。更换的电刷应研磨其接触面，研磨后的接触面积应>75%。

检查电刷在电刷架内活动是否自如，检查绝缘电刷架，如图1–3–23所示。用万用电表R × 10 kΩ挡测量，电阻值应为无穷大；否则说明电刷架绝缘不良。

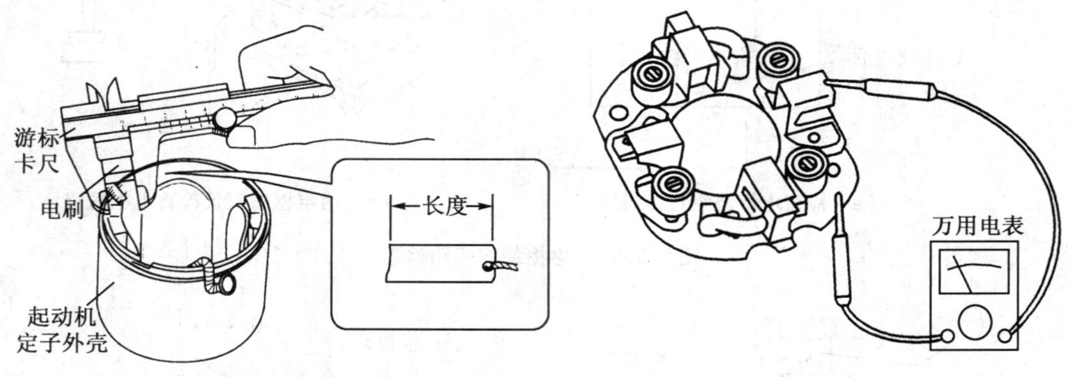

图1–3–22　电刷长度测量　　图1–3–23　电刷架绝缘情况测量

4. 滑动轴承的检查

不应有磨损、松动的现象。轴承与轴的配合间隙和前后端盖配合间隙均为0.03 ~ 0.09 mm。轴承与端盖的过盈量应为0.08 ~ 0.18 mm。

5. 电磁开关线圈的检查

电磁开关线圈应无短路、搭铁或断路故障。

（1）触点和接触盘检查。触点和接触盘的表面应清洁、无烧蚀、污损或氧化。如有轻微烧蚀，可用细砂纸打磨修复。触点或接线绝缘垫应无破损短路。

（2）吸引线圈检查。用万用电表R × 1 Ω挡测量S接线柱和电动机的主接线柱的电阻值，如图1–3–24所示。12 V起动机的线圈阻值应约0.6 Ω。

（3）保持线圈检查。用万用电表R × 1 Ω挡测量S接线柱和壳体的电阻值，如图1–3–25所示。12 V起动机的线圈阻值应约1 Ω。

（4）电磁开关回位弹簧检查。当断开起动电路时，驱动齿轮应能迅速退回复位；否则应检查弹簧是否折断或弹力消失。

6. 拨叉检查

拨叉不能有严重的变形与磨损。

7. 传动啮合（单向离合器）机构的检修

（1）驱动齿轮的检查。驱动齿轮端面应无断齿或碎裂，齿面磨损应≤3 mm。小齿的有效齿长度小于飞轮齿长时，必须换用新件；齿端变形或出现毛刺时，可用油石修正。

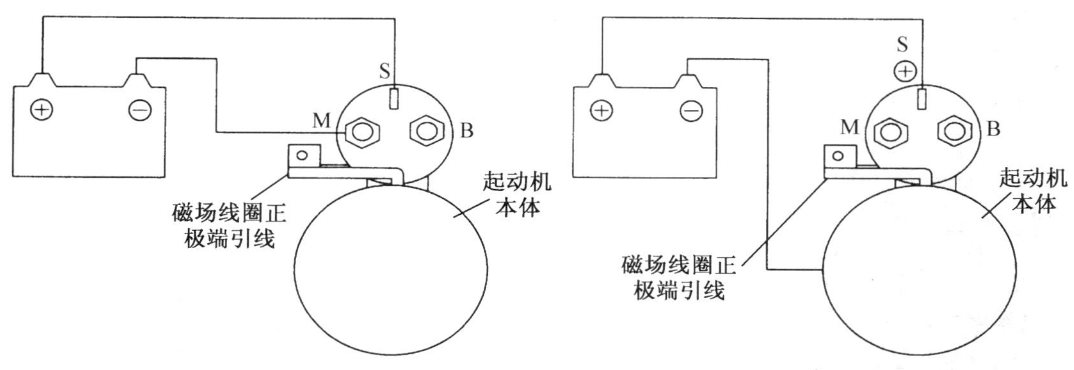

图1-3-24 吸引线圈作用测试　　图1-3-25 保持线圈作用测试

（2）单向离合器检查。握住单向离合器外座圈，转动小齿轮，转往一个方向应能自由转动，转往另一个方向则应锁住。摩擦片式单向离合器工作时若有轻微打滑，可拆开单向离合器，增加调整垫片的厚度以补偿其磨损量。如果严重打滑，摩擦片磨损过度，则应更换摩擦片。弹簧式单向离合器的驱动弹簧内径与套筒的过盈量应为0.25 ~ 0.50 mm，如果过盈量不足，则易引起打滑。

（3）单向离合器与电枢轴的配合检查。单向离合器在轴上应移动自如，无卡滞现象。

8. 启动继电器的检查

（1）触点不应有烧蚀和麻斑，厚度小于标准时（或原厚度2/3）应更换新件。

（2）电磁线圈应与标准值相符。若阻值无穷大，说明线圈断路；阻值小于标准值，说明线圈短路。

（三）组装起动机

（1）装复的基本原则是按分解时的相反顺序进行。

（2）用少量润滑油润滑各摩擦部位。

（3）电枢轴的轴向间隙为0.20 ~ 0.70 mm，否则可通过改变电枢轴前端或后端垫圈的厚度进行调整。

（四）起动机的调整

1. 驱动小齿轮与限位环圈间隙的调整

起动机工作时，要求在铁心移动至极限位置时，驱动小齿轮8与限位螺母9之间应有4 ~ 5 mm的间隙，如图1-3-26所示。如间隙不当，可抽出销钉4，旋出固定螺母2，转动调整螺杆3进行调整。

2. 驱动小齿轮端面与传动端盖凸缘距离的调整

以QD124型起动机为例，驱动小齿轮端面与传动端盖凸缘间的距离应为32.5 ~ 34.0 mm。如不符合要求，可松开固定螺母6，转动限位螺钉7进行调整，如图1-3-26所示。

3. 启动继电器闭合电压与断开电压的检测调整

检测方法如图1-3-27所示。先将可变电阻调至最大值，然后逐渐减小电阻使触点闭合，在触点刚闭合的瞬间，电压表所指示的数值即为继电器的闭合电压。之后再逐渐增大电阻，使触点打开。在触点刚打开的瞬间，电压表指示的数值即为继电器的断开电压。

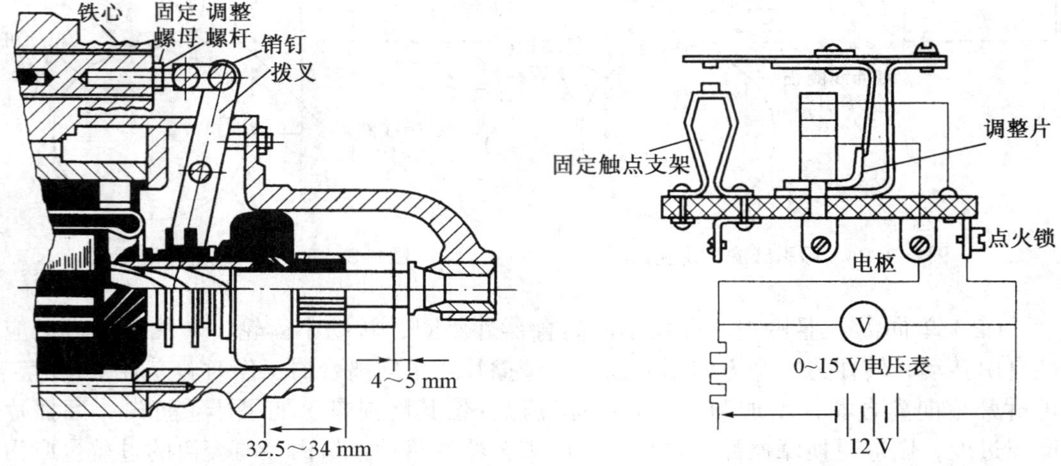

图1-3-26　电磁控制式起动机调整

图1-3-27　启动继电器闭合电压与断开电压检测与调整

闭合电压与断开电压应符合表1-3-1中的数值要求，否则应予以调整。若闭合电压不符合要求，可通过弯曲调整片改变活动触点臂与铁心间的空气间隙进行。若断开电压不符合要求，则应改变固定触点支架的形状，通过改变触点间隙予以调整。

表1-3-1　启动继电器的闭合电压与断开电压

项　　目	12 V系统	24 V系统
继电器触点的闭合电压/V	6.0 ~ 7.6	14.0 ~ 16.0
继电器触点的断开电压/V	3.0 ~ 5.5	4.5 ~ 8.0

（五）起动机工作性能试验

1. 空载性能试验

空转试验时起动机应运转平稳，无抖动及异响，换向器处无火花。修复后的起动机可固定在虎钳上，并按图1-3-28所示线路连接，进行简易的空载性能试验。试验方法如下：

（1）将磁场线圈引线电缆连接在电磁开关C端子上。

（2）用带夹电缆将蓄电池负极与电磁开关壳体连接，将量程为0 ~ 100 A以上的直流电流表连接在蓄电池正极与电磁开关的30端子之间。

（3）将点火开关拨到启动挡位置，待电机运转平稳后，测量其电流、电压和转速等各项指标。数值应当符合规定标准。

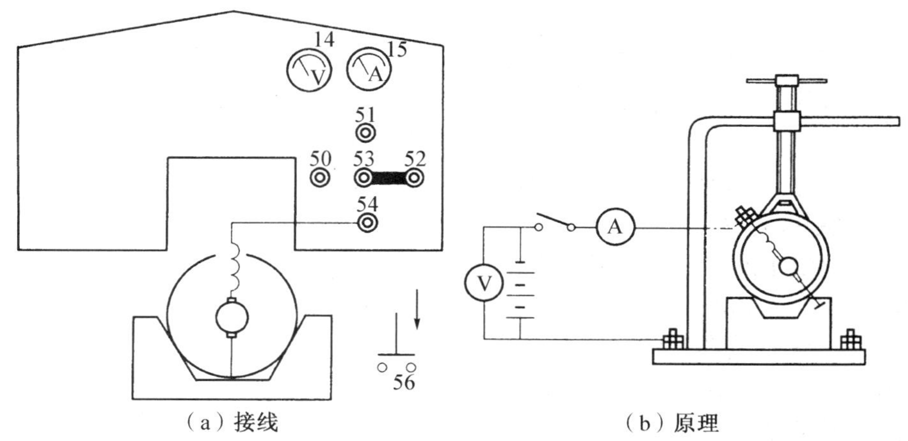

图1-3-28　起动机空转试验

如果电流大、转速低，说明起动机装配过紧使摩擦阻力扭矩过大或有电气故障。原因大致有：轴承磨损过多使电枢轴与轴承不同心，电枢轴弯曲使电枢与磁极发生摩擦，磁场绕组、电枢绕组匝间短路或搭铁。

如果电流和转速均低于标准值，则说明电动机电路接触不良或电力不足。

2. 制动性能试验

（1）将起动机固定在专用试验台上，如图1-3-29所示。给驱动齿轮加上负载，接通启动开关，测量电源电压、起动机电流和输出扭矩等指标，应符合规定标准。

（2）如果制动扭矩小、电流大，说明磁场绕组或电枢绕组有匝间短路或搭铁故障。

（3）如果扭矩和电流都小于标准值，说明主电路接触不良、电刷与换向器接触不良或电刷弹簧压力不足等。

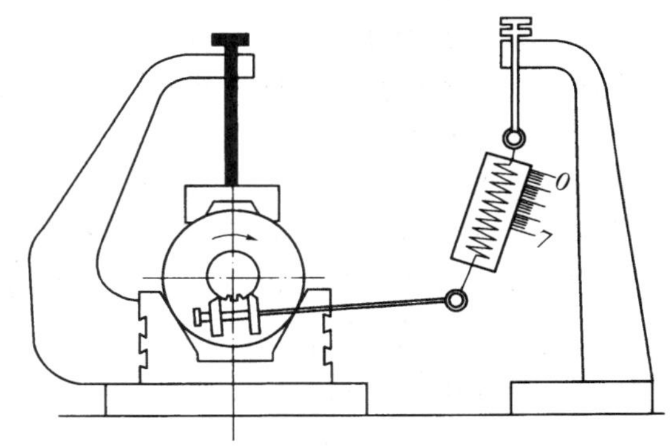

图1-3-29　起动机制动性能试验

（4）如果在驱动齿轮锁止的情况下电枢轴仍能缓慢转动，则说明单向离合器打滑。

三、检查和补充空调系统的制冷剂

（一）空调制冷系统压力检查

1. 用歧管压力表检查

（1）拆下压缩机检修阀（施拉德尔检修阀）上的护盖，关闭歧管压力计上的两个手动阀，把压力表连接到压缩机的检修阀上，低压软管连接到低压检修阀口上（输入口S），高压软管连接到高压检修阀口上（输出口D），中间软管的末端放在一块干净的布片上。注意：软管接头只能用手拧紧。

（2）把低压手动阀稍微打开几秒钟，利用制冷系统内的制冷剂将低压软管内空气排出，然后将其关闭。再用同样的方法排出高压软管内空气。

（3）启动发动机，开启空调设备，在制冷系统正常运行时压力值应符合规定要求。如系统压力不符合要求，应进行抽真空，补充制冷剂。

2. 通过视镜观察

擦干净储液干燥器上的视镜，通过视镜初步判定制冷剂量。从视镜观察制冷剂应没有气泡，不应看到液体流动，用手感比较制冷管道及有关部件的温度。压缩机出口至冷凝器、干燥过滤器、膨胀阀为高温高压区不烫手（50～70 ℃），膨胀阀至蒸发器、压缩机入口为低温低压区，温度应较低（0～5 ℃）。

（二）技术要求

在30～35 ℃的环境温度下，保持发动机转速为2 000 r/min，将吹风机开关开到最高挡，选用最强冷却挡。此时高压侧系统压力应为1 422～1 471 kPa，低压侧系统压力应为147～196 kPa。

（三）空调系统抽真空的步骤

（1）把系统与歧管压力表连接好。

（2）把压力表组上的中间软管和真空泵相连接，如图1–3–30所示。

（3）打开高低压阀，释放系统内全部压力。

（4）启动真空泵，先抽15 min，使低压压力表上指示的真空度达95～97 kPa。关闭高低压阀做气密试验，表针10 min内不得回升3.4 kPa以上，若不符，则应进行查漏，找出泄漏点进行修复。若符合为无泄漏，可继续抽真空，一直达至低压表指示在100 kPa以上。完成真空试漏以后，为进一步检查系统的密封性，应向系统充注少量制冷剂，并使其压力达0.1～0.2 MPa，并用卤素检漏灯对系统做全面检漏。

（5）关闭压力表组上的高低压力阀手阀，然后关闭真空泵，防止空气进入系统。

（四）制冷剂补充操作步骤

一般在系统抽完真空后立即进行。气体制冷剂在低压侧进入。

（1）从真空泵上卸下压力表中间软管，并将软管与制冷剂罐连接起来，如图1–3–31所示。

（2）制冷剂罐直立，拧开制冷剂罐上的充气阀，使注入阀顶开制冷剂罐，制冷剂便进入充气软管内。

（3）稍微拧松压力表座上的中间软管接头，使制冷剂逸出几秒钟，让制冷剂将原管内的空气赶走，然后再拧紧该管接头。

（4）打开表座上的低压（LO）端手阀，向系统充注气体制冷剂。

（5）启动发动机和开动空调系统，发动机转速1 000～1 500 r/min，温度控制开关置于最大冷却位置（COLD）、风扇开关置于高速位置，同时从观察窗口观察，直至系统内气泡消失为止，使制冷剂加注至规定量为止。

（6）确定制冷剂充注量是否适当的方法。系统高、低压端压力趋于标准值。从观察镜窗口观察应无气泡出现，制冷剂清晰，运行时有个别气泡，停转时气泡消失。所注入的制冷剂质量应接近于规定量：小型车为400 ~ 600 g；大型车为20 ~ 40 kg。

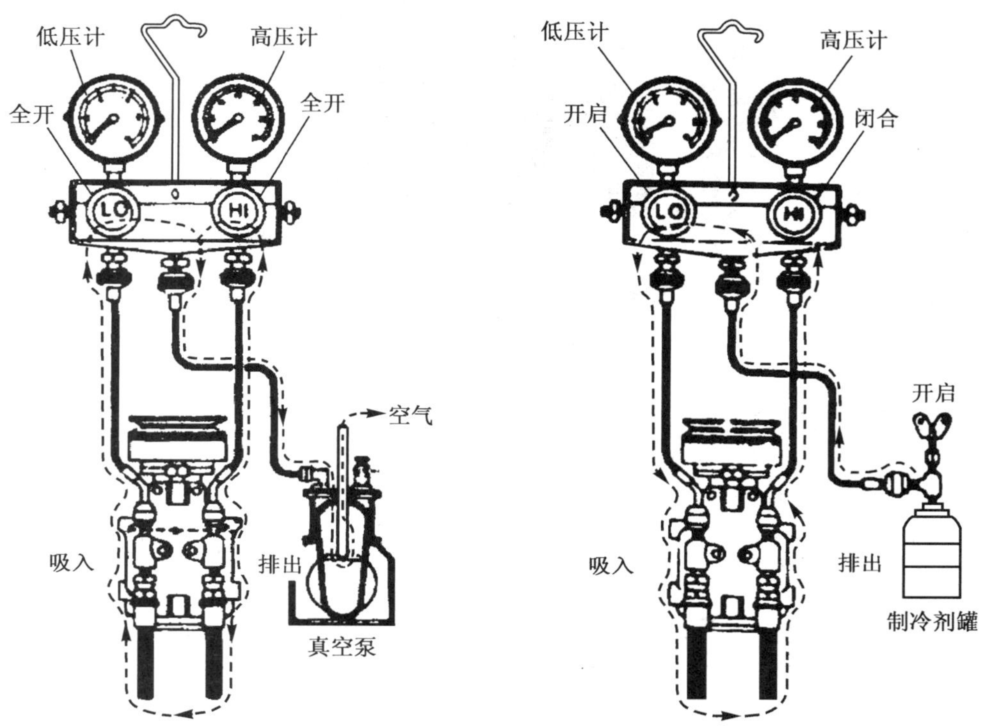

图1-3-30　真空泵抽真空连接　　图1-3-31　制冷剂充注连接

（五）容易出现的问题

（1）把压力表连接到压缩机的检修阀上时动作过于缓慢，引起系统制冷剂泄漏。

（2）制冷剂充注前忘记稍微拧松压力表座上的中间软管接头，没有让制冷剂逸出几秒钟，造成原管内的空气未被赶走。

四、汽油发动机尾气排放检测与调整

NHA-501废气检测仪采用不分光红外线吸收法原理，对汽车排放废气中的HC（碳氢化合物）、CO（一氧化碳）、CO_2（二氧化碳）浓度进行检测，采用电化学传感器对O_2（氧气）浓度进行检测。NHA-501型废气检测仪正面如图1-3-32所示，背面如图1-3-33所示。

（一）测试前仪器准备

1. 连接

将取样管连接到取样探头的末端，另一端接到仪器的取样气入口。然后用压紧螺母上紧（确认前置过滤器、二次过滤器、纸式过滤器已分别装入洁净的滤芯和滤纸）。

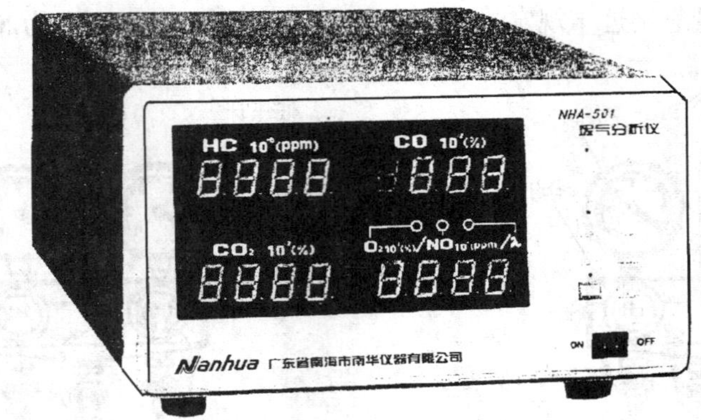

图1-3-32　废气检测仪正面

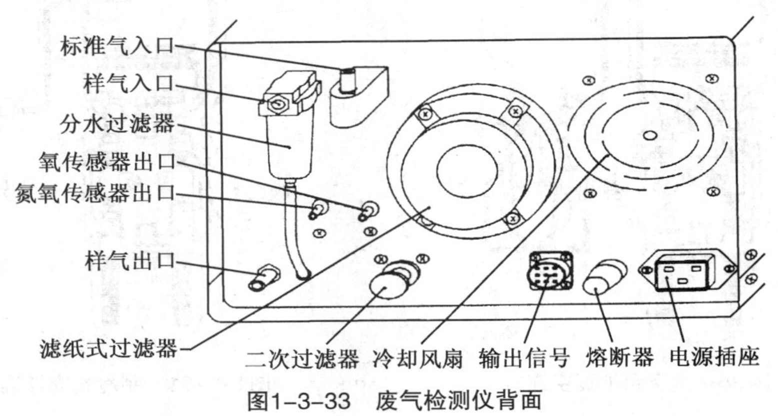

图1-3-33　废气检测仪背面

2. 接通电源

对仪器进行预热30 min以上。按“测量”键，让洁净空气进入仪器，仪器按键位置如图1-3-34所示。看荧屏HC、CO、CO_2、O_2显示的数值应该为0，若不为0，可按“调零”键，则仪器立即进行自动调零。

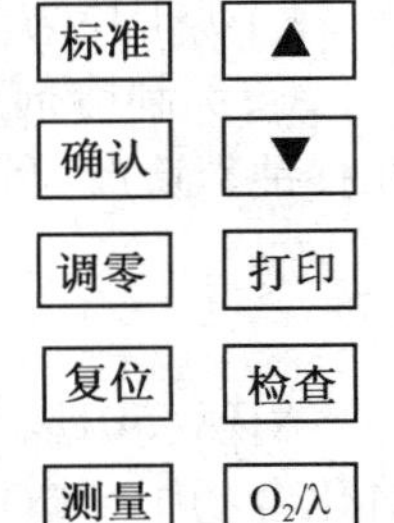

图1-3-34　仪表按键

3. 校准仪器（方法有两种）

（1）用标准气样校准。将标准气样的气体加入到检测仪内，按下“检查”键，看荧屏上所显示的各数值与各标准值是否一致，但其中HC组分的数值要用标准气样瓶上注明的所标含HC值（如0.319）×检测仪铭牌所标明的系数值（如0.519 0），所求得的值（如0.16×10^{-6}）才是校准标准值。即：

气样瓶标示值×仪器铭牌标示的换算系数=正己烷换算浓度（校准值）

若仪表上指示的数值大于校准标准值时，可按下“校准”键，再按“▼”键使数值校准达至标准值。若仪表上指示的数值小于校准标准值时，按“▲”键使数值校准达至标准值。每一个数值调校正确后按“确认”键，才对下一个标准值进行校准调校（对于没有标准刻线的仪器，要在标准气样校准后立即进行简易校准，使仪表指针与标准气样校准后的指示值重合）。“O_2/ λ ”为显示O_2或 λ 的“转换”按键。

（2）简易校准（机械检查）。当在加满或不用加入标准气至仪器内时（因仪器内还有足够标准气时），可按“检查”键（简易校准开关）进行检查校准，看荧屏数值是否达到所使用仪器标定的数值（NHA-501型废气分析仪要求为：HC $1\,500\times10^{-6}$，CO 1.5%，CO_2 3.0%，O_2 20.9%，如数值相差不大可不用校正，如相差过大，就必须补充灌入标准气进行校准。

（二）测试步骤

（1）检查取样探头和导管内有否残留HC。如果管内壁吸附残留HC很多，仪表指示会大大超过零点以上，要用压缩空气或布条去清洁取样探头和导管等。

（2）汽车发动机预热至80 ℃以上，发动机应在正常运转状态下，调整好怠速和点火提前角，阻风门全开。

（3）开动采样泵，按“复位”键待仪器复“0”位（仪器具有自动调零功能，一般不需调整，如不复“0”位，则可使用“调零”或“校准”旋扭进行调整。调整时先调“CO”再调“HC”）。按“检查”键检查仪表指示是否在标准气的规定值内。

（4）将取样探头插入排气管中，插入深度400 mm，发动机由怠速加速至怠速的1.7倍，维持60 s后降至怠速状态，按“测量”键（由于O_2、λ 共用同一显示屏，可按切换键进行切换），发动机在怠速状态维持15 s后开始读数，读取30 s内的最高值和最低值，取其平均值作为检测结果。若为多排气管时，取各排气管检测结果的算术平均值。

（5）按“打印”键，可利用打印机将测量结果打印出来。

（6）测量结束后，把取样探头从排气管里抽出来，应让采样泵持续工作5 min，让它吸入新鲜空气，按“复位”键，待仪器进入复“0”位后，再进行下一次的检测，不按“复位”键，仪器将保留原有的测量数据。如不检测，则可关机。注意：先关采样泵，后关电源开关。

（三）条件要求

（1）检测前应将发动机怠速和点火正时调至最佳状态。

（2）检查排气系统不得有任何泄漏。

（3）检测时间间隔应有5 ~ 10 min。

（四）诊断结果分析

（1）HC超标。混合气燃烧不完全（通常为油路、电路故障，检查和调整火花塞间隙，检查和调整点火正时）引起。

（2）CO超标。混合气过浓（正常是1∶14.8）引起，应检查、清洁和调整化油器、空气滤清器。

（3）CO_2超标。最佳值为15%，如过低为混合气稀，过高为混合气浓（可调整怠速）引起。

（五）检测中应注意的事项

（1）要防止把水、汽油和灰尘等吸入仪器，否则会影响滤清器、泵、分析部位的正常工作，甚至损坏。

（2）注意观察流量监测器的指针位置，当指针接近红色区域时，说明抽气流量偏低，要及时更换滤清器，否则会使测量误差增大。

（3）不要过度拉伸取样软管，以免导致连接处破损。

（4）当仪器的取样系统被汽车排气中的粉尘和油泥等异物阻塞，导致取样系统的流量大大下降时，仪器内装蜂鸣器将连续鸣响。此时应将气泵电源（或仪器电源）切断，检查并清洗取样探头、分水过滤器和管路等，以排除阻塞，并更换二次过滤器滤纸，仪器即可恢复正常工作。

（六）容易出现的问题

（1）待测车辆未预热至工作温度就开始测量。

（2）取样探头和导管内还有残留废气，没用压缩空气或布条等去清洁干净就开始测量。

（3）测量结束后，把取样探头从排气管里抽出便立即关机。

五、用解码器读取故障代码

（一）元征汽车电脑解码器的使用

1. 测试前仪器的准备

（1）选择测试接头。元征X-431电脑解码器带有各种测试接头，测试时，根据各种汽车诊断座的类型，选择相应的测试接头，将其插入故障诊断插座。

（2）确定诊断座位置。不同车型的诊断座位置会有不同。

（3）汽车蓄电池电压应在11～14 V，X-431电脑解码器的额定电压为12 V。

（4）节气门应处于关闭状态，即怠速触点应闭合。

（5）点火正时和怠速应在标准范围，水温和变速器油温达到正常工作温度（水温90～110 ℃，变速器油温50～80 ℃）。

（6）连接仪器。将CF卡插入X-431的CF卡插槽内，注意：使印有“UP SIDE”字

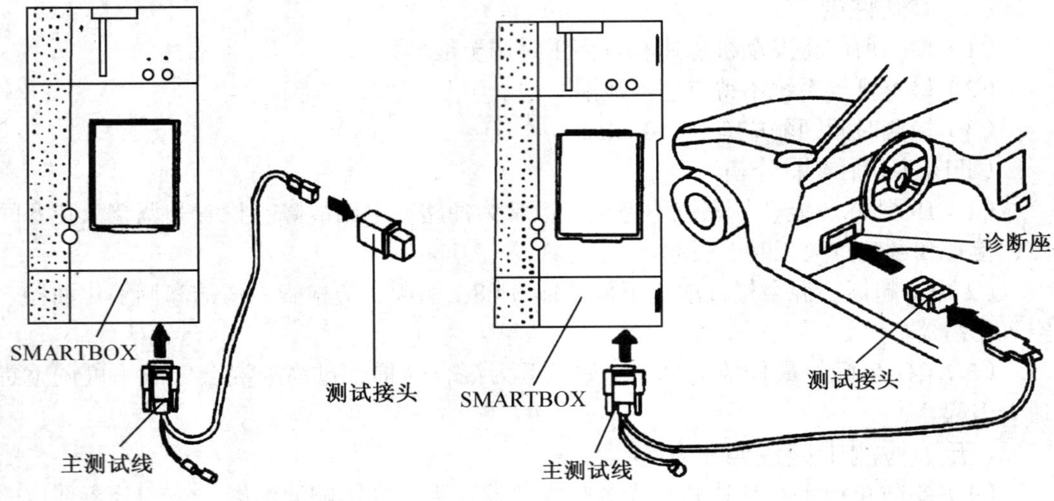

图1-3-35　元征X-431汽车电脑解码器线路连接

样的一面朝上，且确保插入到位。将X-431主测试线的一端插入SMARTBOX数据接口内，将X-431主测试线的另一端与选择的测试头相连接，将测试接头的另一端与汽车诊断座相连接。如图1-3-35所示。

（7）打开汽车电源开关。如果所测汽车的诊断座电源不足或其电源引脚损坏，可通过以下任一方式获取电源：

1）通过点烟器线。取出点烟器，将点烟器线的一端插入汽车点烟器孔，另一端与X-431主测试线的电源插头连接。需关闭点火开关时应先关闭X-431开关，以防止非法关机。

2）通过双钳电源线。将双钳电源线的电源钳夹在蓄电池的正、负极，另一端插入X-431主测试线的电源插头。

3）通过电源转接线。将电源转接线的一端插入100 ~ 240 V交流电源插座，另一端插入开关电源的插孔内，并将开关电源的电源插头与X-431主测试线的电源插头连接。

2. 测试步骤

（1）将仪器准确与被测车诊断插口连接完毕后，按POWER键启动X-431解码器，解码器屏幕经启动后直接进入启动界面，启动界面如图1-3-36所示。

（2）点击启动界面左下角［开始］按钮，击选诊断程序的“汽车解码程序”，屏幕进入如图1-3-37所示的等待界面。

图1-3-36　X-431解码器的启动界面

图1-3-37　X-431解码器的等待界面

（3）点击［开始］按钮，屏幕显示如图1-3-38所示的选择车系菜单。X-431解码器诊断程序都是以该车型车标图形为按钮，只要单击与其汽车相对应的图标，即可进入该车系的选择系统（即诊断软件版本）菜单的开始界面，如图1-3-39所示。

图1-3-38　X-431解码器车系选择菜单

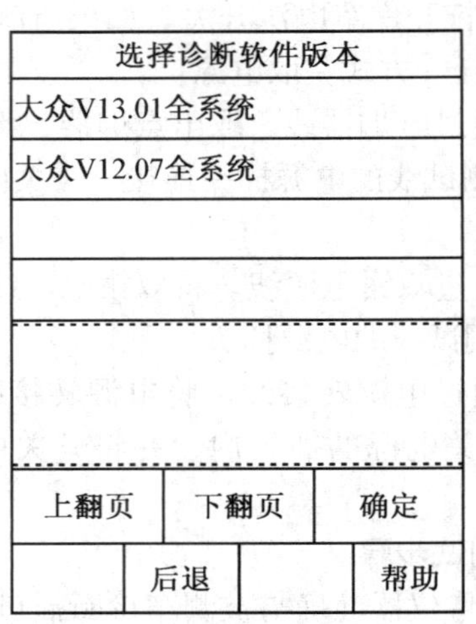

图1-3-39　X-431解码器诊断软件选择菜单

（4）击选被检测车所属的系统后再点击［确定］按钮，X-431将对SMARTBOX进行复位和检测，并从CF卡下载诊断程序。下载完毕后，屏幕将会显示如图1-3-40所示的界面（汽车解码程序）。按［确定］仪器将继续进行测试，进入选择诊断座（插头）菜单。

（5）点击选好的诊断座（OBD）后，点击［确定］按钮，屏幕显示如图1-3-41所示的选择插头菜单界面。按确定，显示器进入车型界面，点击所选车型进入通信信息界面。按［确定］进入选择菜单界面。

（6）点击选好的系统。以检测发动机系统为例，点击"发动机系统"，如果通信成功，屏幕将显示所测系统控制计算机相关信息，如计算机型号、系统类型、发动机类型、适用配置的设定号等。

（7）点击［确定］按钮，屏幕显示如图1-3-42所示的诊断系统功能的诊断菜单。

1）读取故障代码。在功能菜单中，单击"读取故障码"选项，X-431开始读取计算机确认的故障码及故障内容等。测试完毕后，屏幕显示测试结果。

2）读测量数据流。在功能菜单中，单击"读测量数据流"选项读取计算机的运行数据参数，X-431要求用户输入数据流通道号，单击相应的数字即可输入通道号。在数据流显示界面中，单击选择数据流选项后，X-431允许数据以数字或图形切换显示，单击"图形"和"数字"选项可以切换。在图形显示界面中单击"图形1"选项，屏幕显示所选数据流项的单项波形。在单个数据流项的波形界面中，单击"图形2"选项，屏幕显示两个数据流项的波形，这样便于用户对相关联的数据流项进行实时对比。

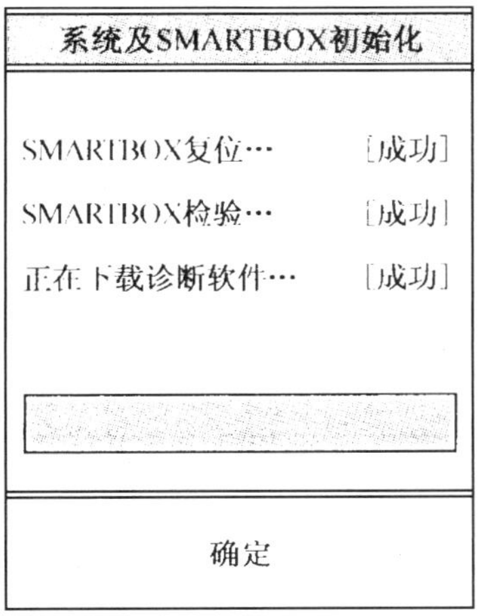

系统及SMARTBOX初始化

SMARTBOX复位… [成功]

SMARTBOX检验… [成功]

正在下载诊断软件… [成功]

确定

图1-3-40 X-431解码器软件下载界面

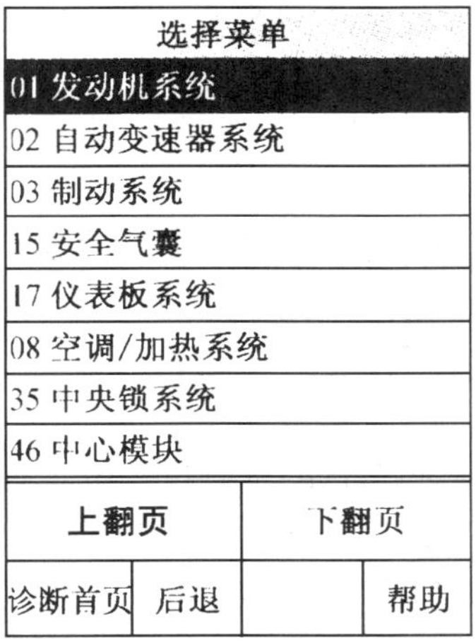

选择菜单

01 发动机系统

02 自动变速器系统

03 制动系统

15 安全气囊

17 仪表板系统

08 空调/加热系统

35 中央锁系统

46 中心模块

上翻页 下翻页

诊断首页 后退 帮助

图1-3-41 X-431解码器系统选择菜单

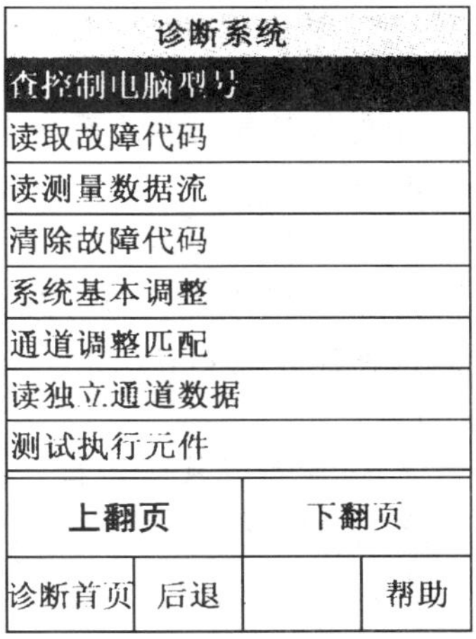

诊断系统

查控制电脑型号

读取故障代码

读测量数据流

清除故障代码

系统基本调整

通道调整匹配

读独立通道数据

测试执行元件

上翻页 下翻页

诊断首页 后退 帮助

图1-3-42 X-431解码器诊断系统的功能菜单

3）清除故障代码。在功能菜单中，单击“清除故障代码”选项，清除被设定的故障码。

4）系统基本调整。在功能菜单中，单击“系统基本调整”选项，根据车辆使用的国家、地区和发动机、变速器以及其他配置输入适当的设定号(coding number)，单击相应的数字即可输入通道号。对某些系统，在维修或保养后，必须对该系统进行基本调整。

5）通道调整匹配。在功能菜单中，单击“通道调整匹配”选项，根据厂方的要求和实际需要修改和输入某些设定值，X-431要求用户输入通道号。单击相应的数字即可输入通道号。输入正确的通道号后，单击［确定］按钮，X-431要求用户输入匹配值。输入正确的匹配值后，单击［确定］按钮执行通道调整匹配功能。

6）读独立通道数据。在功能菜单中，单击“读独立通道数据”选项读取计算机的运行数据参数，X-431要求用户输入通道号，单击相应的数字即可输入通道号。

7）测试执行元件。在功能菜单中，单击“测试执行元件”选项驱动执行器件进行检测。

8）控制单元编码。如果车辆的代码没有显示或主计算机已经更换，则必须给控制单元编码。一个控制单元有时能够适应多种车型，这由控制单元内部所存储的不同程序来决定，控制单元的一个编码代表了其中的一个程序。所以，在更换控制单元时，一般要先查看一下原车所用的控制单元编码，然后给新的控制单元编上同样的编码。给控制单元编码的具体操作是在功能菜单中，单击“控制单元编码”选项，X-431要求用户输入控制单元编码，单击相应的数字即可输入控制单元编码。

9）系统登录。在功能菜单中，单击“系统登录”选项，输入登录密码，单击［确定］按钮，开始进行登录。

10）关机。点击左下角的［开始］，再击选［关闭］。

（8）其他的操作设置。

1）保养/机油灯归零。在诊断界面单击“保养 / 机油灯归零”选项，进行保养或机油灯的归零。对于Golf、Jetta汽车，在车辆需要进行某一项保养操作时，相应的保养提示灯就会点亮。上述系统采用了永久性存储器，因此即使断开蓄电池电缆，有关信息也不会被清除。

保养提示灯在里程表的显示窗内。在点火开关置于“ON”位置后，下列提示灯将会点亮3 s左右。OIL表示车辆行驶12 068 km或6个月更换发动机机油；IN1表示车辆行驶24 139 km或12个月检查与维修；IN2表示车辆行驶48 278 km或24个月检查与维修。

2）服务站代码设置。在某些车辆的维修过程中，有的功能必须进行服务站代码设定之后才能进行，例如，某些系统的“匹配”功能和给“控制单元编码”功能。若没有进行服务站代码设定，这些功能将无法实现。单击“服务站代码设置”来设置服务站代码。

（9）扩展功能。X-431还设置了扩展功能，可以根据个人习惯对仪器的常见功能进行设置，其扩展功能有系统信息、个人信息、工具、游戏、控制面板。

3. 检测中应注意的事项

（1）如果你是第一次使用X-431的CF卡读写器，而且PC的操作系统是Windows98，就需要用从该读写器附带的或购买的光盘或软盘中把它的驱动程序安装到PC机中。

（2）如果PC使用的操作系统是Windows Me/Windows 2000/Windows XP、Mac OS 9.x/Mac OS X 或Linux 2.4.x，则CF卡读写器在此PC机上就可使用操作系统自带的驱动程序，不需要安装驱动程序。在Windows98操作系统上安装驱动程序的步骤如下：

1）启动Windows98操作系统。

2）将CD-ROM插入光驱。

3）将CF卡读写器连接到电脑的USB接口。打开CD-ROM中的文件目录，找到并双击“setup”（安装）。此时系统进行安装前的准备工作。

（3）选择校准触摸屏后，请不要在未出现十字光标提示时点击触摸屏。校准过程中，如果您没能准确地点中十字符号，屏幕上将会反复出现十字符号，直到校准全部完成为止。

（二）金德汽车故障诊断仪的使用

1. 测试前仪器的准备

（1）按照被测项目说明连接好K81解码器设备，选择正确的测试探头或者感应夹。如果诊断座不带电源，需要外界电源，那必须用红色鳄鱼夹接电瓶负极，防止因接反烧坏仪器。若外接电源，应先连接电源，然后接诊断座。连接方法如图1-3-43所示。

（2）按POWER键仪器将进行自检，自检结束后按ENTER键，如果用户没有对仪器进行注册，仪器的使用次数是有限的，此时屏幕会显示一段提示信息，提示用户及时注册并显示该仪器还能使用次数。按ENTER键进入开机等待画面，等待20 s或者直接按ENTER键进入主菜单界面，主界面如图1-3-44所示，一共有4个功能选项：汽车检测、示波器、辅助功能、升级系统。

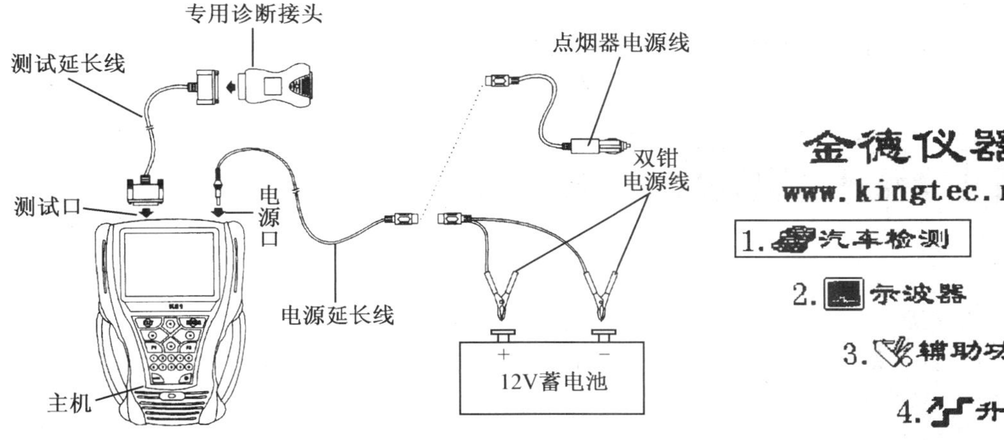

图1-3-43　K81解码器使用连接　　图1-3-44　主菜单界面

2. 测试步骤

在金德仪器测试功能主菜单界面下，通过按上下方向键，选择汽车检测功能，然后按ENTER键进入电脑汽车故障快速诊断系统界面，屏幕显示4个功能选项，如图1-3-45所示。

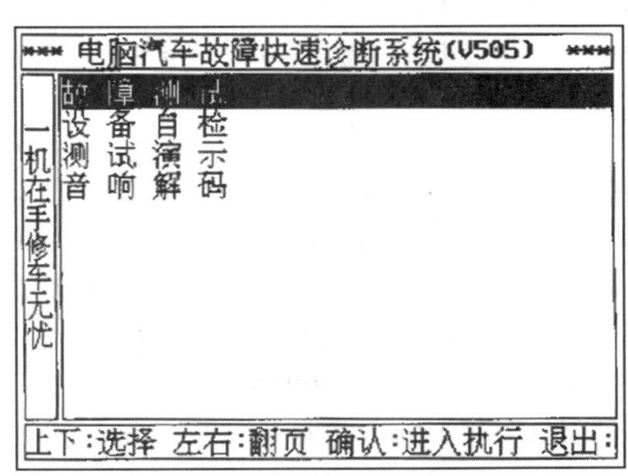

图1-3-45　汽车故障快速诊断系统界面

（1）故障测试。在汽车故障快速诊断系统界面，选择“故障测试”选项后按ENTER键进入故障测试界面，如图1-3-46所示。选择所测的车系后按ENTER键进入车型选择界面，如图1-3-47所示。按上下方向键选择所测车型后按ENTER键进入系统功能选择菜单，屏幕显示如图1-3-48所示。按上下方向键可以选择需要测试的系统，按ENTER键，将会显示该系统控制单元的ID信息、控制单元编码信息、服务站代码。这样就可逐步按人机对话操作，直到得

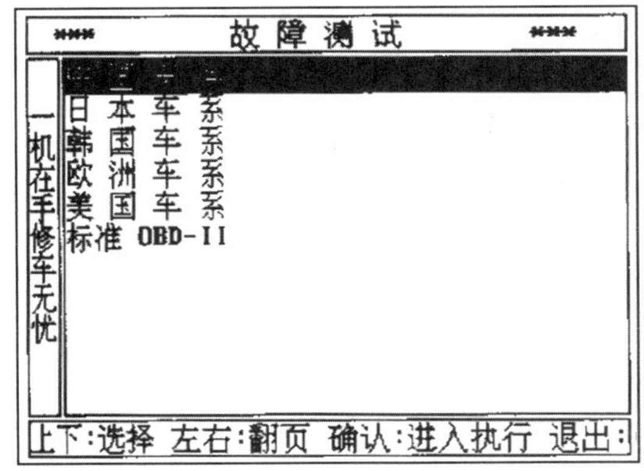

图1-3-46　故障测试界面

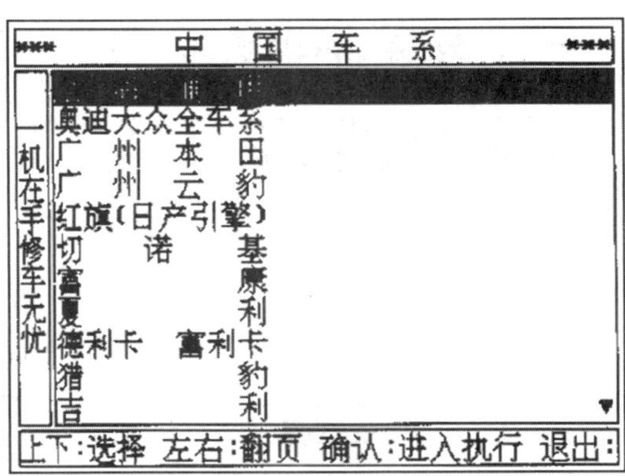

图1-3-47　车型选择界面

出所需的测量结果。

按左右方向键可以翻页显示，按右方向键，屏幕显示如图1-3-49所示。按EXIT键返回上层菜单。

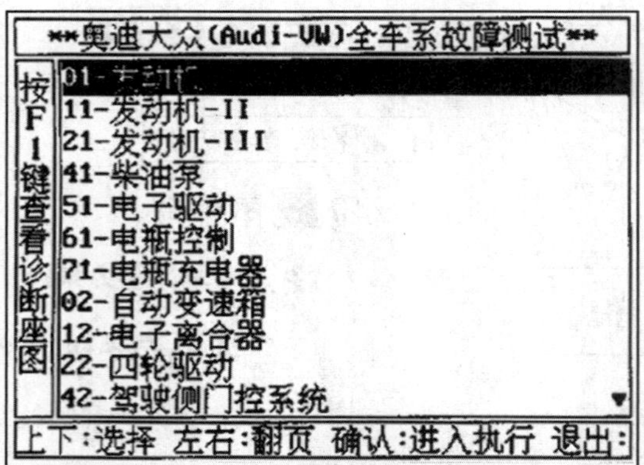

图1-3-48　系统功能选择菜单a

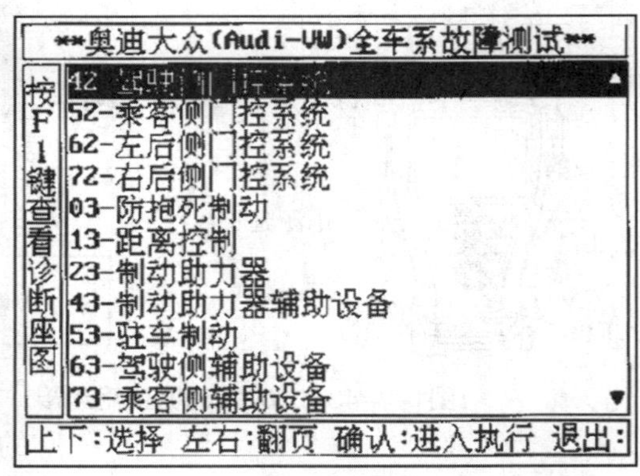

图1-3-49　系统功能选择菜单b

（2）设备自检。在汽车故障快速诊断系统界面，选择“设备自检”选项后按ENTER键进入设备自检界面，如图1-3-50所示。选择端口功能测试，按ENTER键进入，屏幕如图1-3-51所示。按照屏幕提示操作后按ENTER键，屏幕如图1-3-52所示，在包装箱内取出自检接头，将其任意端连接在测试口，按ENTER键开始测试，屏幕显示如图1-3-53所示。拔下自检接头，将其另外一端连接在测试端口，然后按ENTER键，屏幕就会显示测试结果，表明系统是否有故障。如果出现端口故障，则应报修解决。

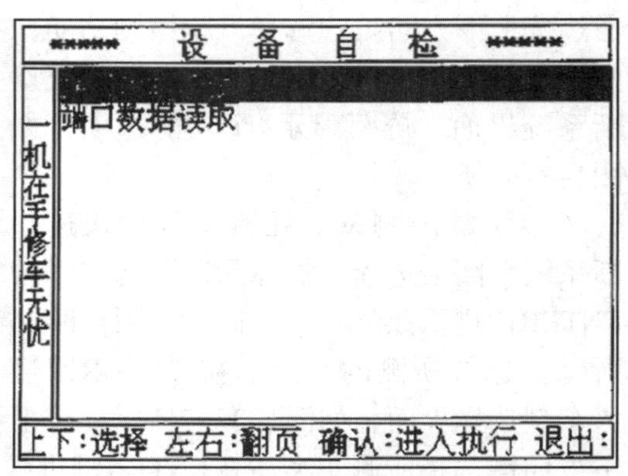

图1-3-50　设备自检界面

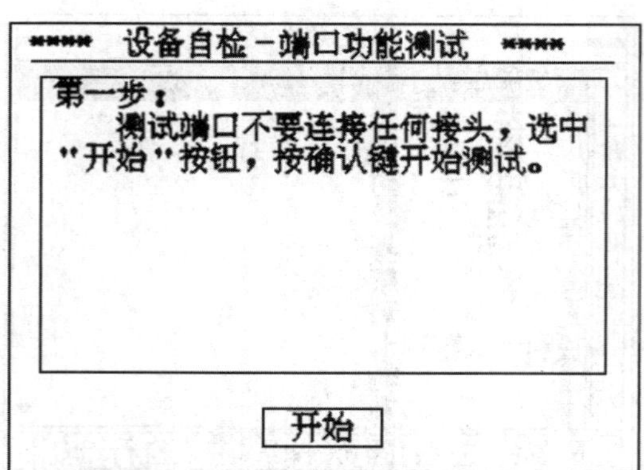

图1-3-51　端口功能测试界面a

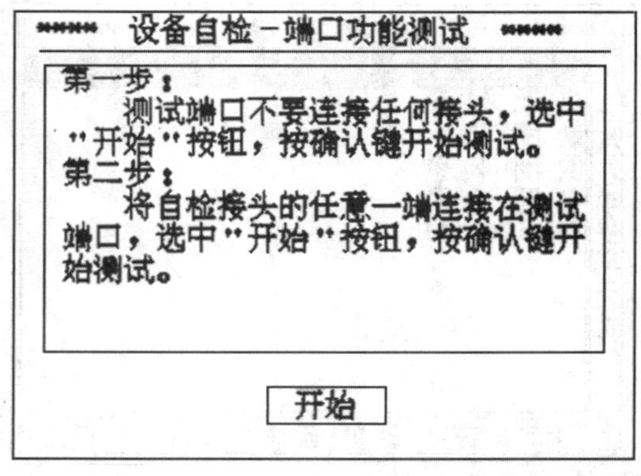

图1-3-52　端口功能测试界面b

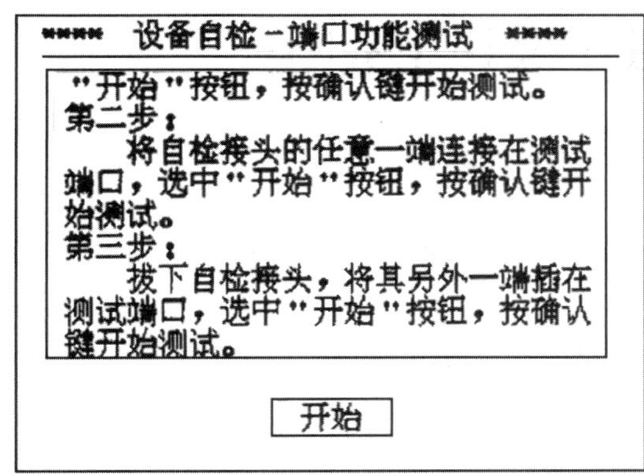

图1-3-53　端口功能测试界面c

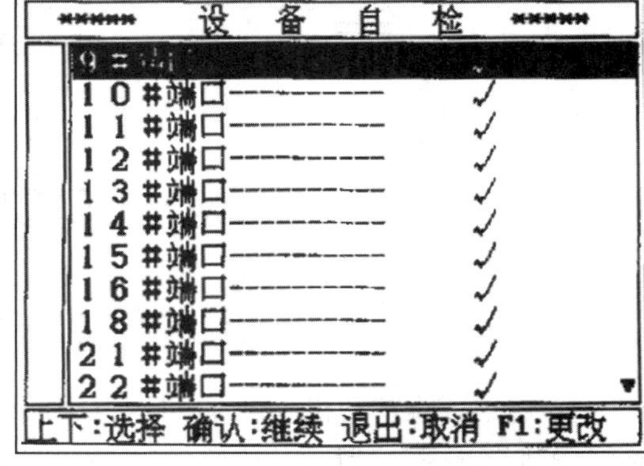

图1-3-54　端口功能测试界面d

端口数据记取功能是检测具体端口的数据，选择端口数据读取功能，按ENTER键，屏幕如图1-3-54所示。按上下方向键选择端口，按F1键更改是否显示数据，按ENTER键，屏幕显示各端口数据，按EXIT键返回上级菜单。

第二章 故障诊断与排除

第一节 发 动 机

一、诊断与排除发动机异响的故障

状况良好的发动机在急加油运行瞬间，应听到微小和平均的发动机响声，排气管有轻微排气响声，当发动机转速在高速时，出现平稳的爆鸣声，显得更为有力，加速过程节奏平稳，随加油量的增加而反应灵敏，转速圆滑过渡，这属于发动机状况良好的响声。如果发动机运转中出现不正常的响声（如间歇或连续发出金属敲击声，或者发出金属摩擦声等），即属异响。虽然响声的频率、波长、声级和衰减系数不同，但都有一定的规律和范围。因此，在诊断分析时应根据异响的区域、特性去查找，分析产生的原因，找出异响部位，准确地将其诊断出来。

（一）异响的原因

由于发动机各部件为不同金属材料所制，各有不同的受热膨胀系数，同时，其运动状态各有不同，也有不同的运动规律。异响常与转速、温度、负荷、缸位和工作循环相关联，所以可结合异响随温度和速度变化的规律进行分析区别。只有掌握发动机各种异响的根本区别，区分在不同温度和不同速度下的变化规律，准确诊断各种异响的成因，才能提高工作效率，快而准地诊断发动机异响的故障。异响有以下的影响因素：

（1）配合间隙。异响随配合间隙的增大而变得明显。

（2）润滑条件。不论什么机械异响，当润滑条件不佳时，异响一般都比较严重。

（3）温度。与发动机工作温度有关。如活塞敲缸响，在冷车时较明显，一旦温度升高，响声即消失或减弱；温度变化对气门响、曲轴轴承响等异响的影响不大。

（4）负荷。连杆轴承响、活塞敲缸响随负荷增大而增强，某些异响与发动机负荷有关，如曲轴主轴承响、连杆轴承响、活塞敲缸响、气缸漏气响，汽油机点火敲击响等均随负荷增大而增强，随负荷减少而减弱；柴油机着火敲击声随负荷增大而减小。但负荷变化时气门响、凸轮轴轴承响和正时齿轮响并不变化。

（5）转速。与发动机转速变化有关，如气门响、活塞敲缸响在怠速或低速时较为明显，转速提高后，响声消失。发动机转速越高，曲轴轴承、连杆轴承的响声越大。连杆轴承和曲轴轴承松旷，在加速时响声较为明显。因此，在诊断异响时应在响声最明显的转速下进行。

（6）缸位。如活塞敲缸响、连杆轴承响，单缸断火时异响消失或减轻，而相邻两缸断火时曲轴轴承响消失或减轻。

（7）工作循环。如活塞销响、连杆轴承响，有曲轴转一圈响一次的规律；而气门响、气门座圈响，有曲轴转二圈响一次的规律。

（8）部位。异响部位一般离故障位置较近。

（二）异响的分析

判断发动机异响是一项技术性较强的工作。为准确、迅速地判断发动机异响故障，可根据发动机异响的产生部位、声响特征、出现时机、变化规律以及排放的烟色、烟量等情况，并借助听诊仪器等辅助方法，找出产生故障的根源。

发动机设计各有不同，内部结构有很大差异，有时相似的异响在不同的发动机上所反映出的故障也有可能不同，所以要准确判断产生异响的原因，不能单靠发出声响的特征，而要根据发出响声的部位，并兼顾响声特征，以及响声随温度或转速变化的规律来区分。对于各种发动机异响，只有掌握其区分依据，通过相互比较，才能准确无误地判断异响的原因。

（1）曲柄连杆机构异响。曲柄连杆机构直接受高温高压气体的作用，当停止工作时，其受的冲击力会大减，响声自然会减弱或消失。响声是连响。

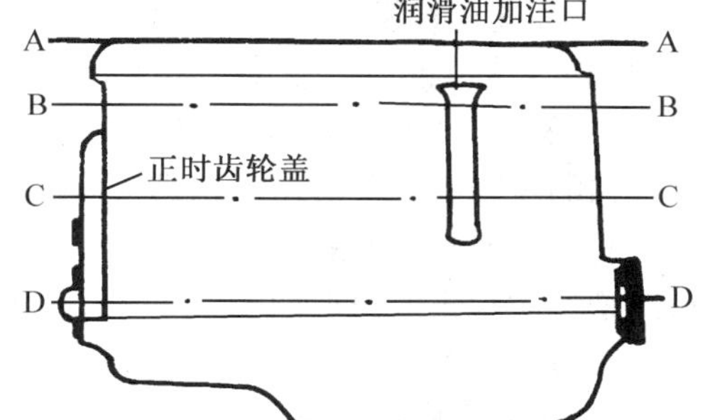

图2-1-1 异响振动分布的区域

（2）配气机构异响。配气机构与做功爆破无关，所以与有否断火无直接关系。响声为间响。

常见发动机产生异响的位置一般划分为4个区域和2个部位，如图2-1-1所示。

1）A—A区（缸盖部位）。可用螺丝刀或金属棒（或听诊器）抵触气缸盖各燃烧室部位，如图2-1-2所示，可诊断活塞顶碰缸盖和气缸上部凸肩、气门座圈脱出等故障。

图2-1-2 螺丝刀或金属棒察听法

2）B—B区（气门挺杆及其对面部位）。可听到气门组合件及挺杆等响声，在其对面可诊断活塞敲缸一类故障。

3）C—C区（凸轮轴部位）。可用螺丝刀或金属棒（或听诊器）抵触凸轮的前后衬套部位或正时齿轮盖部位，如图2-1-2，可诊断凸轮轴正时齿轮破裂或其固定螺母松动、凸轮轴衬套松旷等故障。

4）D—D区（曲轴轴承部位）。可用螺丝刀或金属棒（或听诊器）抵触气缸体与油底壳结合面附近，可诊断曲轴轴承异响或曲轴断裂等故障。

1. 曲轴轴承响

（1）故障现象：

1）一般情况下，发动机稳定运转时减弱（甚至无声响），当发动机转速突然变化时，发出沉闷连续的“镗、镗”敲击声，发动机同时伴有振动现象。

2）发动机负荷变化时，响声明显；转速越高，声响越大。

3）单缸断火时，声响无大变化，当相邻两缸断火时声响明显减弱，异响的部位在气缸体下部靠近曲轴箱连接处。

（2）故障原因：

1）曲轴轴承与轴颈间隙过大，曲轴轴向间隙过大。

2）曲轴轴承盖螺栓松动，曲轴轴承与轴承座相对转动。

3）曲轴轴承与轴颈润滑不良，致使轴承合金烧毁脱落而发出响声。

4）曲轴弯曲、变形或轴颈磨损失圆。

（3）故障诊断与排除：

1）发动机在低、中速状态下抖动节气门，发出明显而沉闷的连续敲击声，同时发动机有振抖现象，则可诊断为曲轴轴承响。更换曲轴轴承。

2）进行单缸断火试验，声响变化不大；当相邻两缸断火时，声响明显减弱或消失，则可诊断为两缸之间的曲轴轴承发出响声。更换曲轴轴承。

3）高速运转发动机时机体振动较大，同时伴有润滑油压力显著下降，则可诊断为曲轴轴承与轴颈间隙过大或轴承合金脱落。更换曲轴轴承。

4）发动机转速不高时机体振动较大，甚至有摆动摇晃现象，同时发出沉重、粗闷而较大的“嘣、嘣”敲击声，则可诊断为曲轴断裂。更换曲轴。

5）发动机声响随温度升高而增大，高速时声响变得杂乱，则可能是曲轴弯曲。进行曲轴弯曲校正或更换曲轴。

2. 连杆轴承响

（1）故障现象：

1）发动机怠速运转时无明显声响，高速时有“咯、咯”敲击声，急加速时声响尤为明显。

2）单缸断火试验声响明显减弱或消失。

3）当发动机负荷增加时声响也随之增大。

4）连杆轴承声响较曲轴轴承声响轻缓而短促。

5）当发动机温度变化时声响并无变化。

6）异响的部位在润滑油加注口或气缸体下部靠近曲轴箱连接处。

（2）故障原因：

1）连杆轴承与轴颈磨损过度，径向间隙过大。

2）连杆轴承盖紧固螺栓松动，连杆轴承与轴承座相对转动。

3）连杆轴承润滑不良，连杆轴承合金烧蚀、脱落。

4）连杆轴颈磨损失圆。

5）连杆轴承润滑不良。

（3）故障诊断与排除：

1）发动机转速由怠速向中高速过渡时声响较为清晰，随着转速加快响声更明显，可诊断为连杆轴承响。更换连杆轴承。

2）对某缸进行断火试验，声响减弱或消失，则为该缸连杆轴承响。更换该缸连杆轴承。

3）发动机不论转速快慢和温度高低都发出声响，且伴随发动机振动。做断火试验声响无改变，可诊断为连杆轴承合金烧蚀。

3. 活塞敲缸响

活塞敲缸响是指工作行程开始的瞬间（或当活塞上行时），活塞在气缸内摆动或窜动，头部或裙部与缸壁、缸盖相碰撞。冷态敲缸的诊断排除方法如下：

（1）故障现象：

1）低温时有敲击声，当温度正常后响声减弱或消失。

2）怠速时，发出有节奏的“嗒、嗒”敲击声，当转速提高后响声消失。

3）有火花塞跳火1次、发响2次的规律。

4）某单缸断火试验，声响减弱或消失。

5）异响的部位在发动机中缸与气缸盖连接位置。

（2）故障原因：

1）活塞与缸壁的间隙超过极限值。

2）润滑油压力过低。

3）缸壁润滑不良。

（3）故障诊断与排除：

1）将发动机转速控制在声响明显处，观察润滑油加注口是否冒烟，排气管是否冒蓝烟，并用螺丝刀抵触润滑油加注口处一侧的缸壁，将耳朵贴在螺丝刀的木柄上，听是否有振动的敲击声。若有以上现象，则为活塞敲缸响。加大活塞和活塞环或重新镶配汽缸套。

2）逐缸做断火试验，若某缸断火后其声响减弱或消失，复火时其声响明显增大1～2声后，又恢复原来声响，当发动机温度升高后声响减弱或消失，即可诊断为活塞裙部与缸壁敲击。更换活塞。

3）将有声响缸的火花塞拆下，并注入少量润滑油，装上火花塞，摇转曲轴数转后，再发动试验，如声响消失或明显减弱，但不久又发出声响，则可确诊为该缸活塞敲缸。重新镶配该缸气缸套。

4）若发动机仅冷车时敲缸，热车后响声消失，则该发动机尚可继续使用，待机再修。

热态敲缸的诊断排除方法如下：

（1）故障现象：

1）怠速时发出“嗒、嗒”声，高速时发出“嘎、嘎”的连续金属敲击声，且伴有机体抖动现象。

2）温度升高，响声加大。

3）有火花塞跳火1次、响2次的规律。

4）做某单缸断火试验，声响加大。

5）异响的部位在发动机中缸与气缸盖连接位置。

（2）故障原因：

1）活塞与缸壁间隙过小。

2）活塞与活塞销装配过紧导致活塞变形或呈反椭圆形。

3）连杆轴颈与曲轴轴颈不平行。

4）连杆弯曲、扭曲或连杆衬套轴向偏斜。

5）活塞环背隙、端隙过小。

（3）故障诊断与排除：

1）发动机低温时不响，而温度升高后在怠速时出现“嗒、嗒”声，并有机体振动现象，且温度越高，响声越大，则可诊断为活塞变形或活塞环过紧，导致活塞与缸壁配合间隙过小而润滑不良。更换变形的活塞或修配过紧的活塞环。

2）发动机低温时不响，而温度升高后在中、高速时则发出急剧而有节奏的“嘎、嘎”声，做断火试验时，其声响变化不大，则可诊断为连杆变形或连杆装配位置不准。检修变形的连杆或重新装配连杆位置。

3）做某缸断火试验，声响反而加大，则可诊断为该缸敲缸。重新镶配该缸气缸套。

4）发动机在热启动后敲缸，且单缸断火后声响加大，遇此情况应停机检修，以免拉缸或使故障恶化。

冷热态均敲缸的诊断排除方法如下：

（1）故障现象：

1）发动机低速时有“嗒、嗒”敲击声，转速提高后声响消失，或低速时发出有节奏且强弱分明的“杠、杠”声响，有时会短暂消失，但很快又会出现，转速提高后声响消失。

2）做某缸断火试验，声响减弱或者反而加大，并由节奏声响变为连续声响。

3）有火花塞跳火1次、响2次的规律。

4）异响的部位在发动机中缸与气缸盖连接位置。

（2）故障原因：

1）活塞销与连杆小头装配过紧。

2）连杆轴承装配过紧。

3）活塞裙部圆柱度误差过大。

（3）故障诊断与排除：

1）逐缸做断火试验，若某缸声响减小但不消失，即可诊断为该缸连杆与曲轴或活塞销装配过紧。重新修配活塞销。

2）断火试验时该缸声响加重，且由间断声响变为连续声响，可诊断活塞磨损变形。更换活塞。

3）低速时有“嗒、嗒”敲击声，当转速提高后声响消失，可诊断为活塞裙部圆柱度误差过大。更换活塞。

4）发动机在冷热态均敲缸，一般是活塞连杆组技术状况恶化所致，应及时检修，恢复其技术性能。

4. 活塞销响

（1）故障现象：

1）发动机怠速时发出有节奏而又清脆的声响，当突然加大节气门时，响声也随之加大。高速时响声混浊不清。

2）做断火试验时声响减弱或消失。

3）有火花塞跳火1次、响2次的规律。

4）异响的部位在发动机中缸与气缸盖连接位置。

（2）故障原因：

1）活塞销与连杆衬套磨损过甚而松旷。

2）活塞销与活塞销座孔松旷。

3）机油压力过低、润滑不良引起的活塞销严重烧蚀。

4）活塞销锁环脱落引致活塞销窜动。

5）活塞销折断。

（3）故障诊断与排除：

1）发动机处于怠速时，抖动节气门到中速，如声响能灵活地随之变化，并且每抖动1次节气门，都能听到明显、清晰和尖脆而连贯的“嗒、嗒”声响，则可诊断为活塞销响。

2）将发动机转速控制在声响最明显处，然后逐缸做断火试验。若断火后响声减轻或消失，复火时发出“嗒”的敲击声，且在气缸上、中部听到的响声比在下部响声大，则可诊断为活塞销响。

3）当响声较严重，发动机转速越高、响声越大时，可在响声最大时的转速下对异响缸做断火试验，若声响不仅不消失，反而变得更加杂乱，则可诊断为活塞销与衬套配合松旷。更换连杆衬套。

4）发动机怠速运转时，出现有节奏且较沉重的“吭、吭”碰击声。当转速提高后声响不消失，同时伴有机体抖动现象，断火试验时声响反而加大，可诊断为该缸的活塞销自由窜动。检查活塞销锁环的安装情况。

5）发动机急加速时声响剧烈而尖锐，再做断火试验声响减轻或消失，则可诊断为该缸的活塞销折断。更换活塞销。

5. 活塞环异响

（1）故障现象：

1）异响是比较钝哑的“嚓、嚓”金属敲击声。

2）异响随发动机的转速加快而增大，变成较为杂乱的响声。

（2）故障原因：

1）活塞环折断。

2）活塞环与环槽配合间隙过大或磨损过大。

3）连杆弯曲或连杆扭曲或曲轴线与连杆轴线不平衡。

（3）故障诊断与排除：

1）逐缸做断火试验，断火时异响可能减弱但不消失（断火法判断）。

2）用听诊器或听棒帮助察听气缸盖两侧，察听声音发自发动机的哪个部位（听诊法）。

3）怠速时响声较为清脆，加速时响声变得杂乱，说明是活塞环故障引起的响声（速度变化比较法）。

出现以上特征应拆检活塞环，看是否有折断或磨损过大，如有应更换活塞环。若活塞环正常则为连杆有扭曲或弯曲现象，应校正或更换连杆。

6. 气门脚响

（1）故障现象：

1）发动机怠速时气门室处发出有节奏的“嗒、嗒”声响，随着发动机转速的变化而变化，发动机转速增高声响也随之增大，中速以上时声响往往交混嘈杂。

2）发动机温度变化或做断火试验时声响不变。

3）异响的部位在气门室盖。

（2）故障原因：

1）气门杆端和摇臂之间磨损或调整不当，致使气门间隙过大而产生碰击声。

2）气门间隙调整螺钉磨损偏斜。

3）气门弹簧座脱落。

4）气门杆与气门导管间隙过大。

5）凸轮磨损过量，运转中挺柱产生跳动。

（3）故障诊断与排除：

1）声响随发动机转速高低而改变频率。当发动机温度变化或做断火试验时声响无变化，可诊断为气门响。

2）拆下气门室盖，检查每个气门间隙，一般是间隙过大的气门发响。也可在发动机怠速运转时，将挺杆提起或在气门间隙处插入厚薄规，如果声响减弱或消失，即为该气门发出声响。以上两种情况，可重新调整气门间隙。

3）调整气门间隙至其规定值后仍发响，则可诊断为气门杆与气门导管磨损过量或气门弹簧座脱落而发响。拆检以上部件。

7. 气门座圈响

（1）故障现象：

1）在冷车初启动时易出现气门座圈响。

2）声响与转速无关，只是在运转期间偶尔发出清脆的礅气门声响，但很快就会消失，严重时此声响将频繁出现。

3）声响出现，随之出现个别缸不工作，声响消失发动机恢复正常。

4）有火花塞跳火1次、响1次的规律。

5）异响的部位在发动机中缸与气缸盖连接位置。

（2）故障原因：

1）选用的座圈材料热膨胀系数过小。

2）气门座圈与缸体镶配过盈量过小而有松旷。

（3）故障诊断与排除：

1）当声响出现时会伴有个别缸不工作现象，声响消失发动机又恢复正常，则可诊断为不工作缸的气门座圈松脱。重新镶配气门座圈。

2）利用气缸压力表逐缸测量气缸压力，压力低的缸即为异响缸。更换该缸气门座圈。

8. 凸轮轴响

（1）故障现象：

1）发动机中速时，从缸体凸轮轴一侧发出钝重的声响。高速时声响杂乱不清。

2）单缸断火试验时声响不变。

3）凸轮轴轴承附近伴有振动。

4）异响的部位在缸体凸轮轴一侧。

（2）故障原因：

1）凸轮轴轴承与轴颈配合间隙过大、松旷。

2）凸轮轴轴承合金烧蚀、剥落或磨损过度、轴承松旷。

3）凸轮轴轴向间隙过大。

4）凸轮轴弯曲。

5）凸轮轴轴承松旷。

（3）故障诊断与排除：

1）使发动机在声响最强的转速下运转，用螺丝刀在气缸体外部接触在各节轴承附近部位听诊，若某处声响较强并伴有振动，则可诊断为该节轴承发响。更换该节轴承。

2）做断火试验，声响无变化可缓慢变换节气门，若怠速时声响清晰，中速时声响明显，高速时声响由杂乱变得减弱，则可诊断为凸轮轴轴向间隙过大或轴承转动。更换凸轮轴轴承。

9. 正时齿轮响

（1）故障现象：

1）发动机怠速运转或转速改变时，在正时齿轮室盖处发出杂乱而轻微的“嘎啦”声，转速提高后声响消失，急减速时声响随即出现。

2）单缸断火试验时声响无变化。

3）声响有时受温度影响，高温时声响明显。

4）有时声响出现时并伴有正时齿轮室盖振动现象。

5）异响的部位在正时齿轮盖处。

（2）故障原因：

1）正时齿轮磨损或装配不当，使啮合间隙过大或过小。

2）曲轴和凸轮轴中心线不平行。

3）齿轮润滑不良。

4）凸轮轴正时齿轮松动。

5）凸轮轴正时齿轮折断，或齿轮径向破裂。

（3）故障诊断与排除：

1）发动机怠速运转时发出有节奏的“嘎啦、嘎啦”声，中速时较明显，高速时较杂乱。用螺丝刀触及正时齿轮盖部位听诊，若声响更明显，则可诊断为正时齿轮啮合间隙过大。更换磨损过大的正时齿轮。

2）声响随发动机转速变化而变化，且声响类似于呼啸声，则表明齿轮啮合不良。

成对更换正时齿轮。

3）发动机怠速运转时，发出有节奏的“哽、哽”声响，且发动机转速提高，声响也随之加大，则表明齿轮啮合不均匀。成对更换正时齿轮。

4）将发动机转速逐渐提高，若突然发出强烈而杂乱的声响，然后急减速，同样会发出一声“嘎”的声响（正时齿轮盖有振动感觉），然后消失，则可诊断为凸轮轴正时齿轮松动。更换凸轮轴正时齿轮。

5）若新车或更换正时齿轮后出现连续不断的“呜、呜”声，转速越高响声越明显，则表明齿轮啮合间隙过小。修磨正时齿轮。

二、诊断与排除发动机加速时回火的故障

（1）故障现象：

汽车慢加速时发动机工作正常，而急加速时汽车行驶无力，并伴有发动机进气歧管处听到“嘭嘭”的回火放炮响声。

（2）故障原因：

1）混合气过稀：原因可能是油路或进气系统出现故障。

2）油路故障主要是由于喷油器喷油过少所致。造成喷油器喷油过少的原因是：油压过低；喷油器堵塞。

3）进气系统故障主要是由于进气量过多所致。造成进气量过多的原因是：控制进气量的传感器失效；进气歧管漏气。

4）点火系统出现问题。主要是高压线电阻过大、点火线圈损坏、电源电压不足以及火花塞故障等造成的点火能量不足。

5）进气门密封不严，汽缸压缩压力不足。

6）点火提前角过大。原因主要有：曲轴传感器间隙不合适；松动；温度传感器损坏；发动机负荷情况；ECU损坏。

（3）故障诊断与排除：

1）首先排除外部线路连接是否松动、进气歧管有无漏气、真空管有无脱落等故障。

2）读取故障码，若有，根据故障码检修元件。

3）若无故障码，检修点火系，将高压线对缸体试火，检查点火能量是否不足，拆查火花塞，观察电极颜色是否正常，电极间隙是否在1.0 mm。若正常，进行下一步。

4）检查燃油系统燃油压力，检查喷油器，若正常，进行下一步。

5）检查进气系统，用清洗剂喷在进气系统各处检查有无漏气点。

6）检查汽缸压缩压力，压力应不低于标准的80%.

（4）验证排除效果。

修理后，启动发动机，发动机转速在中速、高速及急加速时应运转平稳，提速反应灵敏。进行路试，加速性能应良好、有力。

三、诊断与排除汽油发动机无法启动的故障

（1）故障现象：

1）用起动机带动发动机运转时旋转轻快，但不能启动，也无启动征兆。

2）用起动机带动发动机运转时有起动征兆，但难以着火，发动机不能启动或启动困难。

（2）故障原因：

1）电路（点火系）故障。

2）油路（燃料供给系）故障。

3）发动机内部机械故障。

（3）故障诊断与排除：

拔出各分高压线试火（即拔出分高压线，线端对着地线）。若各分缸线无跳火或跳火不正常为电路（点火系）故障；若跳火正常，而且检查火花塞工作也正常，则为油路（燃料供给系）故障。

1．电路（点火系）故障

（1）故障现象。

发动机不能启动，且无着火征兆。

（2）故障原因。

1）曲轴位置传感器Ne信号及凸轮轴位置传感器G_1G_2信号丢失或信号不良。

2）电子点火器内部损坏。

3）无IGt信号或无IGf反馈信号。

4）连接线路断路、短路。

5）ECU故障。

（3）故障诊断与排除。检查蓄电池是否无电或连接线路是否有松脱，再进行故障自诊断提取故障码，检查有无故障代码。如有，则按显示的故障码查找故障原因。电路如图2-1-3所示。

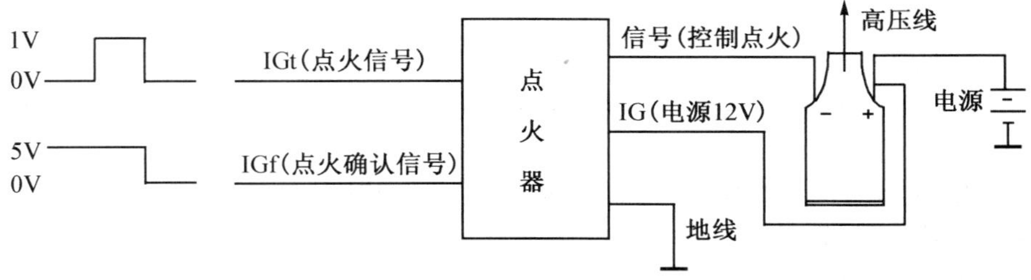

图2-1-3　电控电子点火系电路

进行故障自诊断时若显示故障码12（启动时无Ne信号或G信号2 s以上），应对曲轴位置传感器和凸轮轴位置传感器进行检测。

1）曲轴位置传感器和凸轮轴位置传感器输出信号的检测。

a．拆下分电器连接器插头。

b．用示波器检测Ne、G_1、G_2的信号电压。

c．启动发动机时，应有如图2–1–4的脉冲波形输出。

d．若检测到的脉冲波形有异常或无脉冲波形，则应做进一步的零件检测。

2）曲轴位置传感器和凸轮轴位置传感器的检测。

a．传感器电阻的检查。拔开传感器的导线连接器，用万用电表电阻挡测量传感器上各端子间的电阻，如图2–1–5所示，其值应符合表2–1–1要求。若不符则须更换曲轴位置传感器。

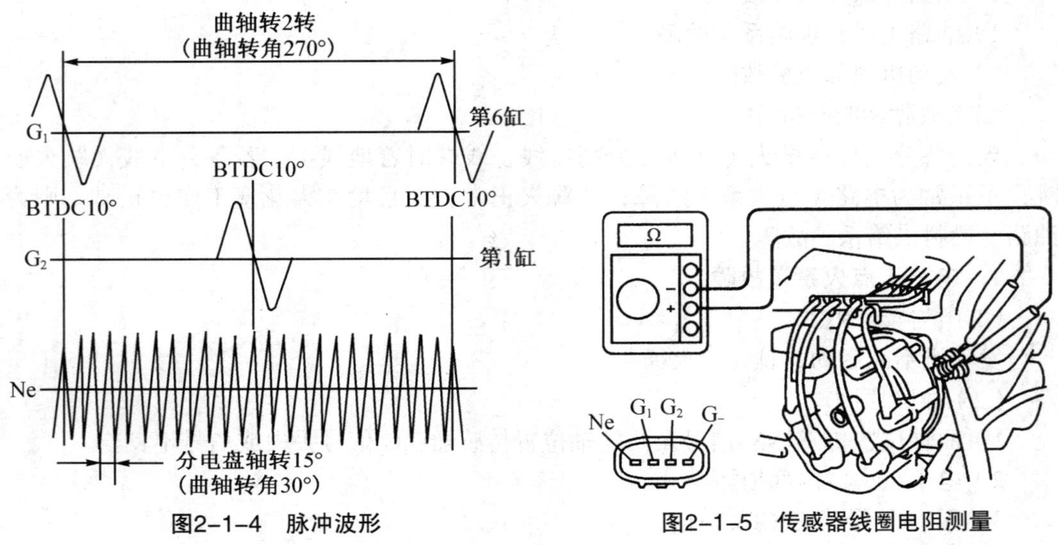

图2–1–4　脉冲波形

图2–1–5　传感器线圈电阻测量

表2–1–1　曲轴位置传感器电阻值

端子	条件	电阻/Ω	端子	条件	电阻/Ω
G_1–G_-	冷态	125 ~ 200	Ne–G_-	冷态	155 ~ 250
	热态	160 ~ 235			
G_2–G_-	冷态	125 ~ 200		热态	190 ~ 290
	热态	160 ~ 235			

b．传感线圈与信号转子的间隙检查。用厚薄规测量信号转子与传感线圈凸出部分的空气间隙，如图2–1–6所示。间隙应为0.2 ~ 0.4 mm，若间隙不符合要求，则须调整或更换分电器总成。

c．进行故障自诊断时若显示故障码14（点火系统IGt或IGf信号不良），应对电子点火器、ECU及ECU与电子点火器的连接线

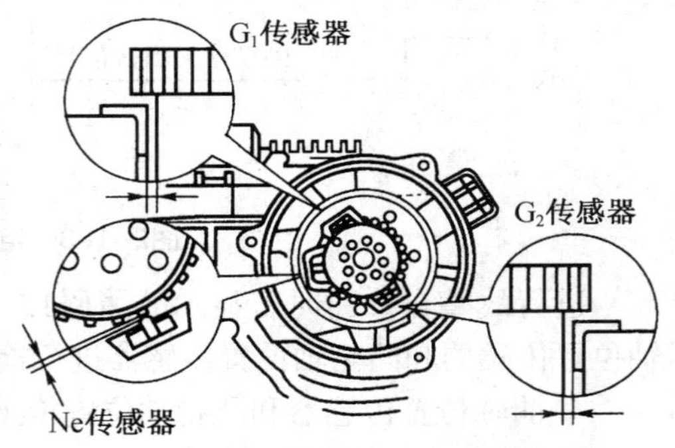

图2–1–6　传感线圈与信号转子的间隙检查

路进行检测。从分电器上拔下中央高压线，距离搭铁部位5～6 mm，或插上跳火器，启动发动机，检查跳火情况。若跳火检查时火花正常，检查ECU与电子点火器之间IGf信号电路是否短路或断路，如有异常，予以修理或更换配线或连接器。

如检查线路情况正常，则拔下电子点火器线束连接器，打开点火开关，检查IGf端子的搭铁电压，标准值为4.5～5 V。若不符，检查或更换ECU。若上述检查都正常，则故障在电子点火器，应予以更换。

若跳火检查无火花，检测IGt端子的搭铁电压。当打开点火开关时，其标准值为9～14 V；启动发动机时，其标准电压为0.5～1.0 V。

d. 若检查电压符合标准值，打开点火开关，检查电子点火器IG端子的电压，其值应等于蓄电池电压。若不符，应检查点火开关、电源熔断丝，然后检查点火线圈连接电路。拔下点火线圈的线束连接器，用万用电表检测点火线圈的电阻值，其阻值应符合表2–1–2的电阻值。如不符，则须更换点火线圈。

表2–1–2　点火线圈电阻

点火线圈	条件	电阻/Ω	端子	条件	电阻/kΩ
初级线圈	冷态	0.36～0.55	次级线圈	冷态	9.0～15.4
	热态	0.45～0.65		热态	11.4～18.1

若上述检查都正常，则故障在电子点火器，应予以更换。

若检查电压不符合标准值，检查ECU与电子点火器之间IGt信号电路有无短路或断路。若有异常，修理或更换配线或连接器，检查或更换ECU。

若以上测量均无问题，应对功率三极管组件进行检查。拔下功率三极管组件与ECU相连接的插接件，测量与点火线圈连接各端子电压，正常为12 V。在启动状态下，测量ECU向各三极管基极送出电压，正常值是0.1～0.6 V。用万用电表测量各功率三极管各端子之间电阻，方法是用指针式万用电表测量各端子，测后再调换测表笔，检查功率三极管的好坏。

2. 油路（燃料供给系）故障

（1）故障现象：

1）点火系工作正常，但发动机不能启动。

2）勉强能启动，但发动机不能正常运行。

（2）故障原因：

1）燃油箱内存油不足。

2）油管堵塞、破裂或接头松动漏油。

3）汽油滤清器堵塞。

4）燃油泵、燃油泵继电器不工作，燃油泵熔断丝烧断或线路断路、短路。

5）燃油压力调节器损坏，造成系统燃油压力过低，导致喷油器喷油量严重不足。

（3）故障诊断与排除。

1）检查油箱是否有油，检查油管是否堵塞、破裂或接头是否有松动漏油，如有异常予以修复或更换。

2）若以上这些正常，拆下汽油滤清器观察油流情况，无油出则故障是汽油滤清器堵塞或汽油滤清器至油箱管路堵塞或漏气所致。若来油但喷出油的压力过小，则为燃油泵故障，应拆检燃油泵。

3）燃油泵故障检查：

a．打开油箱盖，将开关置于ON位置（但不要启动发动机），油泵应能运转2 s，此时在油箱加油口处倾听有无油泵运转的声音。如果在打开点火开关后能听到油泵运转3～5 s后又停止，说明控制系统各部分工作正常。

b．若打开点火开关后听不到油泵运转的声音，则测量蓄电池电压是否在12 V以上。拆下蓄电池负极电缆，释放燃油系统的油压，接上油压表。在重新接上蓄电池负极电缆之后，用一根短导线将故障检测插座内两个检测电动汽油泵的插头（丰田车是Fp与+B两插头，如图2–1–7所示）短接，若为一个检测插头则将其搭铁。此时打开点火开关（不要启动发动机），如果能听到汽油泵运转的声音，说明ECU外部的电动汽油泵控制电路工作基本正常，故障在ECU内部或继电器；若仍听不到汽油泵运转的声音，可用手捏住汽油软管应感到输油压力，如图2–1–8所示。否则，为ECU外部的控制电路故障，此时应检查熔丝、继电器及电动油泵是否损坏，各电路有无断路或接触不良。

c．电动燃油泵总成的检测。用万用电表电阻挡测量电动汽油泵上两个接线端子间的电阻，即为电动汽油泵直流电动机线圈的电阻，其阻值应为2～3 Ω。

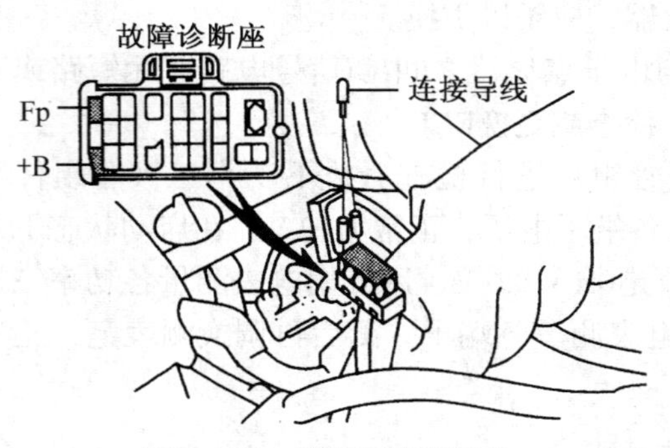

图2–1–7　燃油泵诊断插头

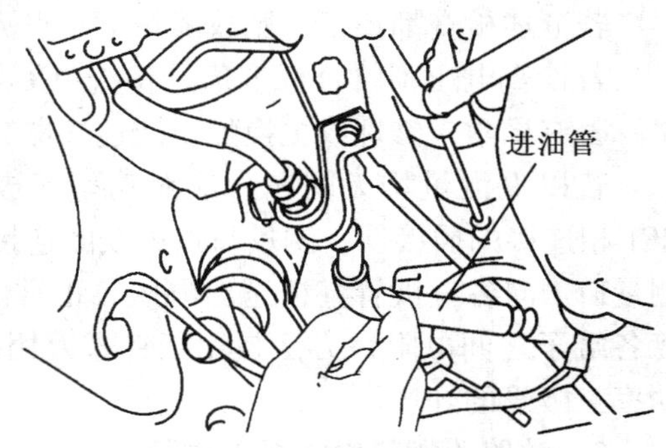

图2–1–8　电动燃油泵最大压力检测

4）检测电动燃油泵压力。将燃油压力表接在燃油管路上，并堵住出油口，如图2–1–9所示。短接电动燃油泵，打开点火开关，但不启动发动机，使汽油泵运转约10 s，此时燃油压力表的油压值即为燃油泵的最大泵油压力。

燃油泵的最大泵油压力应比发动机运转工况下的压力高出200～300 kPa（达到490～640 kPa），如达不到应检查或更换新

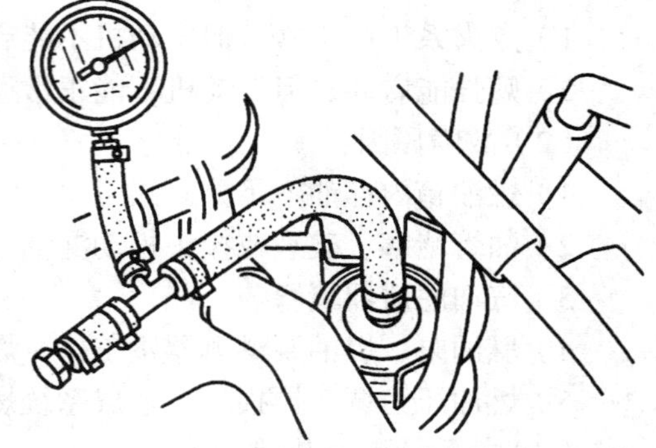

图2–1–9　电动燃油泵最大压力检测

燃油泵。关闭点火开关5min后，观察燃油压力表的压力值，应≥340kPa，否则应更换燃油泵。如压力符合要求，则应检查或更换燃油压力调节器。

3. 发动机内部故障

如果以上两方面检查都无问题，则应用气缸压力表检查汽缸压力是否符合标准。如压力过低，应对发动机进行检修。

四、诊断与排除发动机怠速不稳的故障

1. 怠速不稳和易熄火

（1）故障现象。

发动机启动正常，但不论冷车或热车，怠速均不稳定，怠速转速过低，易熄火。

（2）故障原因：

1）进气系统漏气。

2）燃油压力偏低。

3）空气滤清器堵塞。

4）喷油器雾化不良、漏油或堵塞。

5）怠速调整不当。

6）怠速控制装置工作不良。

7）空气流量计有故障。

8）气缸压缩压力过低。

（3）故障诊断与排除：

1）进行故障自诊断，检查有无故障码。若有故障码，则按所显示的故障码查找故障原因和故障部位。

2）检查进气系统各管接头、各真空软管、废气再循环系统和燃油蒸发回收系统有无漏气。

3）检查怠速控制装置的工作是否正常。拔下怠速控制装置导线连接器，如果发动机转速无变化，说明怠速控制装置或控制电路有故障，应检修电路或更换怠速控制装置。

4）仔细倾听各缸喷油器在怠速时的工作声音。如果各缸喷油器工作声音不均匀，说明各缸喷油器喷油不均匀，应拆检、清洗或更换喷油器。

5）检查燃油压力。怠速时的燃油压力约为250 kPa，若燃油压力太低，应检查油压调节器、电动燃油泵、汽油滤清器等。

6）按规定的程序，调整发动机怠速。

7）检查翼板式或量芯式空气流量计有无卡滞。如不良，应更换。

8）检查气缸压缩压力。如压力低于0.8 MPa，应拆检发动机。

9）检查调整气门间隙。

2. 冷车怠速不稳和易熄火

（1）故障现象：

发动机冷车运转时怠速不稳或过低，易熄火，但热车后怠速恢复正常。

（2）故障原因：

1）怠速控制装置故障。

2）冷却液温度传感器故障。

（3）故障诊断与排除：

1）进行故障自诊断，检查有无故障码。若有故障码，则按所显示的故障码查找故障原因和故障部位。

2）检查怠速控制装置。熄火后拔下怠速控制装置导线连接器，待发动机启动后再插入。如果发动机转速无变化，说明怠速控制装置不工作，应检查控制电路或拆检怠速控制装置。

3）测量冷却液温度传感器。如有短路、断路或阻值不符合标准，应更换冷却液温度传感器。如果没有被测车型的冷却液温度传感器检测标准数据，也可拔下冷却液温度传感器线束连接器，用一个4～8kΩ的电阻代替冷却液温度传感器。如果发动机怠速恢复正常，说明冷却液温度传感器已损坏，应更换。

3. 热车怠速不稳或熄火

（1）故障现象：

发动机冷车正常运转时怠速正常，但热车后怠速不稳，怠速转速过低或熄火。

（2）故障原因：

1）怠速调整过低。

2）冷却液温度传感器有故障。

3）怠速控制装置有故障。

4）喷油器工作不良。

（3）故障诊断与排除：

1）进行故障自诊断，检查有无故障码。若有故障码，则按所显示的故障码查找故障原因和故障部位。

2）检查发动机的初始怠速转速。若过低，应按规定的程序予以调整重新进行匹配。怠速调整如下：

a．启动发动机使之运转，直至达到正常工作温度。

b．将变速器置于空挡或停车挡位置，让转向轮处于直行位置，关闭空调器、前照灯、加热器等所有附属设备。

c．用一根导线将故障检测插座内的TE_1和E_1两插孔短接，让发动机以“初始状态”运转。

d．检查怠速转速。此时的怠速转速称为发动机的初始怠速转速，其标准为（800±50）r/min。若不符合要求，可通过拧动节气门体上的怠速旁通气道调节螺钉调整，如图2–1–10所示。

e．调整结束后，拔掉故障检测插座内的短接导线。

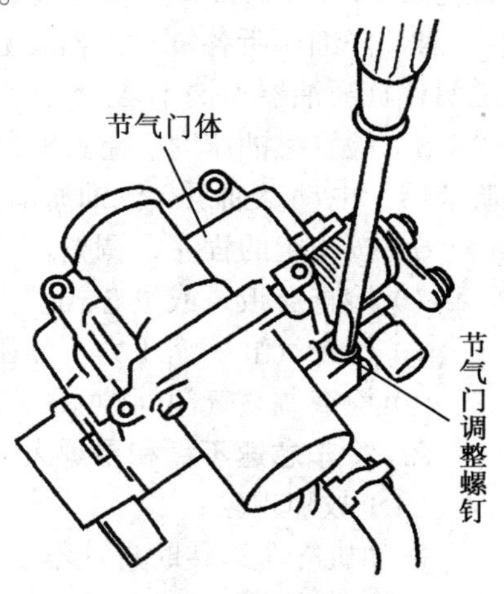

图2–1–10　怠速调整

3）检查冷却液温度传感器。如果拔下冷却液温

8）发动机ECU不良。

（3）故障诊断与排除：

1）发动机出现故障后，应先读取故障码。影响发动机间歇熄火的有空气流量计、节气门位置传感器、曲轴位置传感器等。读出故障码后按故障代码查找故障原因并排除故障。

2）检查EFI主继电器、燃油泵继电器是否正常工作。

3）检查电控燃油喷射系统、点火系统相关线路插接器是否有松动现象。在发动机运转时，用人工依次振动各插接器，观察故障是否出现。当振动某插接器时故障出现，说明该插接器松动，应进行修理。

4）人工振动发动机ECU的搭铁线，同时使用万用电表电阻挡检测发动机ECU搭铁是否良好。若电阻值在0至无穷大间摆动，说明ECU搭铁不良，应加以修理。

5）若故障仍然存在，换上新的发动机ECU再试。

6）故障排除后，清除故障码。

第二节　底　　盘

一、诊断与排除离合器打滑的故障

（1）故障现象：

1）汽车起步时，离合器踏板抬高后，汽车不能行驶或勉强能起步但重载不能起步。

2）汽车加速时，车速不能随发动机转速提高而加快，以及行驶无力。发动机动力不能完全传至变速器主动轴，使汽车动力下降、油耗增加和起步困难。

3）重载或上坡时可闻到摩擦片烧蚀的焦臭味。

（2）故障原因：

1）离合器踏板自由行程太小或没有。

2）摩擦片有油污、硬化、烧蚀、严重磨损现象，或铆钉外露。

3）磨损过度令压盘太薄（压盘太薄致使弹簧弹力不足）。

4）压紧弹簧变形、过软、折断或没有弹力。

5）离合器总成和飞轮连接螺栓松动。

（3）故障诊断与排除：

1）拉紧驻车制动器，挂上低速挡，慢慢放松离合器踏板，徐徐加大油门，若汽车不动，发动机仍继续运转而不熄火，说明离合器打滑。

2）拉紧手制动器，挂上低速挡，用手摇柄能摇转发动机，说明离合器打滑。

3）如图2-2-1所示，重新调整离合器踏板自由行程。

4）拆下离合器底盖，检查离合器盖与飞轮的连接螺钉是否松动，如图2-2-2所示。如有松动，应予以紧固。

5）如离合器盖与飞轮的连接无松动，再检查离合器分离杠杆内端高度，如图2-2-3所示。如不符合要求，应调整分离杠杆的高度。若故障仍不能排除，则拆检离合器总成。

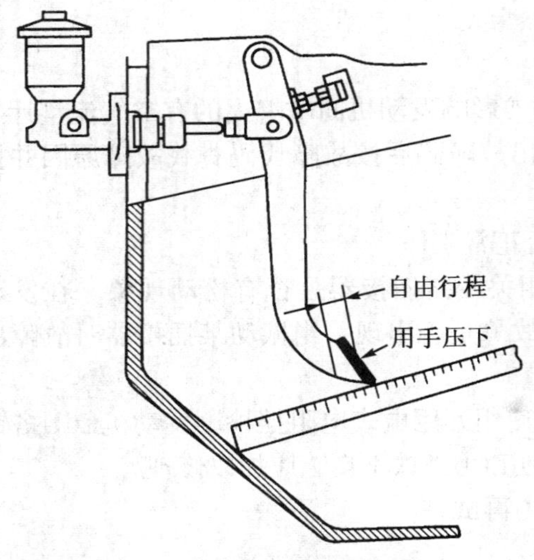

图2-2-1　检查离合器自由行程

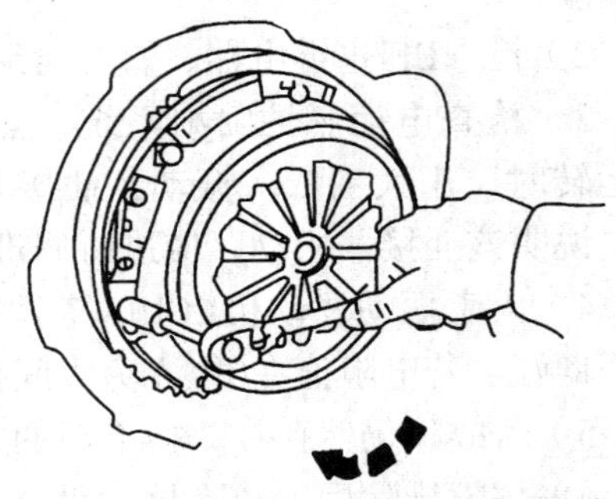

图2-2-2　检查离合器盖与飞轮连接螺钉

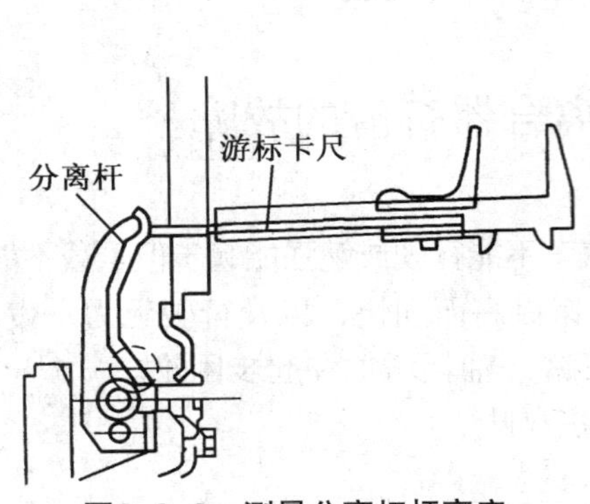

图2-2-3　测量分离杠杆高度

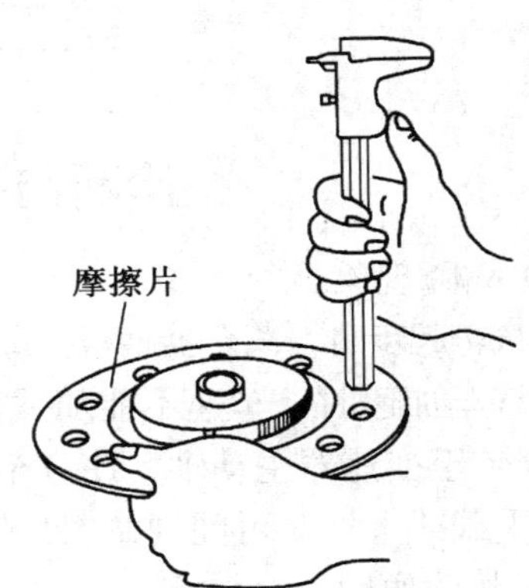

图2-2-4　检查离合器摩擦片

6）检查离合器摩擦片，如图2-2-4所示。若摩擦片磨损过度变薄或铆钉外露，应予以更换。若摩擦片有油污，应用汽油清洗并烘干，然后找出油污来源，予以排除。

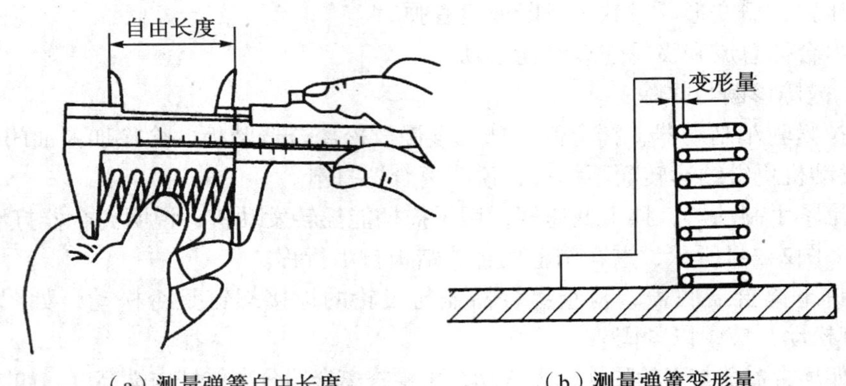

（a）测量弹簧自由长度　　（b）测量弹簧变形量

图2-2-5　检查离合器压紧弹簧

7）若摩擦片良好，则应分解离合器，检查压紧弹簧（或膜片弹簧），如图2-2-5所示。若弹簧变形或弹力过弱，应予以更换。

8）检查离合器压盘或发动机飞轮表面的变形和磨损情况，如图2-2-6所示。若变形量过大，应予以修理或更换。

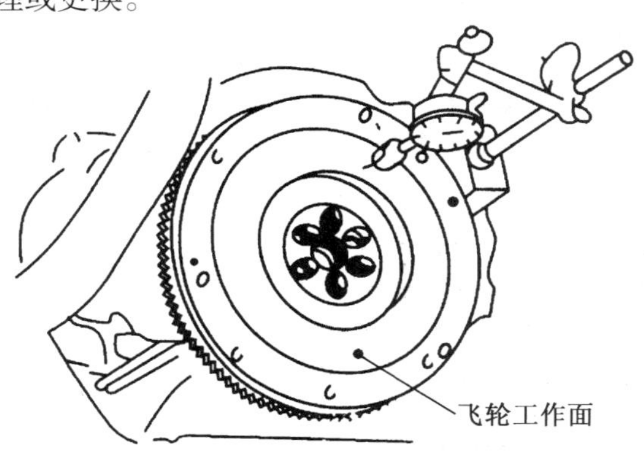

图2-2-6　检查飞轮表面变形和磨损情况

二、诊断与排除离合器分离不彻底的故障

（1）故障现象：

当汽车起步时，将离合器踏板踩到底仍感挂挡困难，虽能强行挂入但会发出响声，仍未抬起踏板汽车就向前驶动或造成发动机熄灭。

（2）故障原因：

1）离合器踏板的自由行程太大。

2）从动盘翘曲，铆钉松脱，新换的摩擦片过厚或摩擦片的铆钉松动。

3）分离杠杆调得太低，端面不在同一平面内。

4）压紧弹簧过软、折断或弹力不一。

5）双片式离合器的中压盘调整不适当。

6）从动盘卡滞、移动不灵。

7）液压式离合器操纵系统漏或渗入空气。

8）膜片式离合器膜片弹簧变形、裂损。

（3）故障诊断与排除：

1）将变速杆挂入空挡，踏下离合器踏板，用螺丝刀推动离合器从动盘，若推不动，说明离合器分不开。

2）先检查分离杠杆，如图2-2-1所示。重新调整离合器踏板自由行程，如故障仍不能排除，则拆检离合器总成。

3）拆下离合器壳底盖，检查分离杠杆内端高低是否一致，如见图2-2-3所

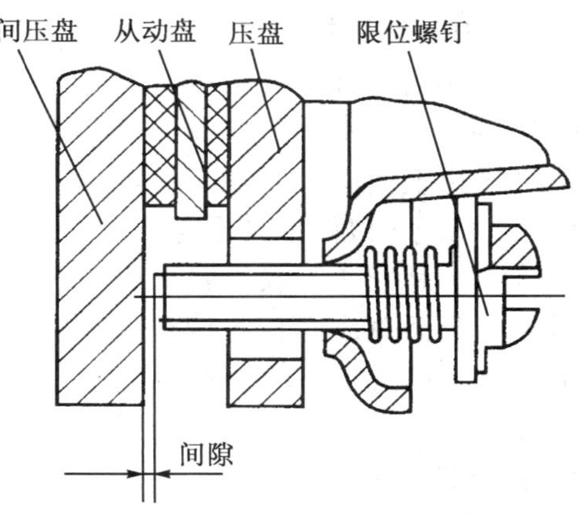

图2-2-7　中间压盘限位螺钉调整

示。若不一致，应予以调整。

4）对于双片式离合器，应检查限位螺钉与中间压盘的间隙，如图2-2-7所示。若不符合要求，应予以调整。

5）对于膜片式离合器，应检查膜片弹簧内端是否过软、磨损过多或折断，如图2-2-8所示。若过软或有折断，应予以更换。

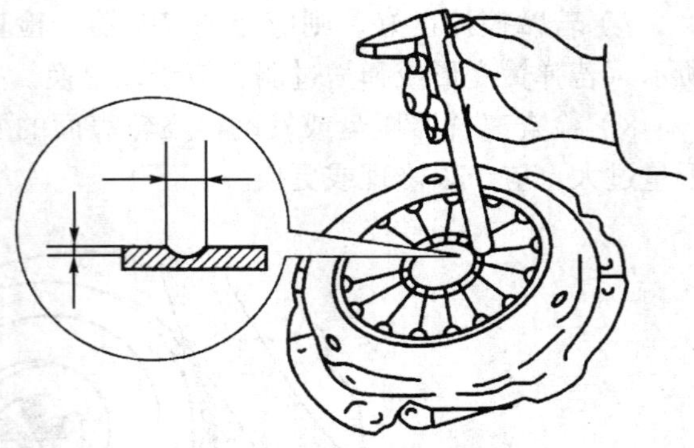

图2-2-8　检查膜片弹簧内端

6）若属于新换摩擦片过厚，可在离合器盖与飞轮间增加适当厚度的垫片予以调整，但各垫片厚度及内径、外径应一致。

7）经上述检查调整后仍然无效，应将离合器拆下，检查从动盘是否装反，若装反，应重新组装。从动盘的安装方向如图2-2-9所示。

8）检查从动盘在变速器输入轴花键齿上移动是否灵活。如有发涩，应清除锈蚀和油污。检查从动盘有无铆钉松脱和翘曲变形，如图2-2-10所示。若不符合要求，应予以更换。

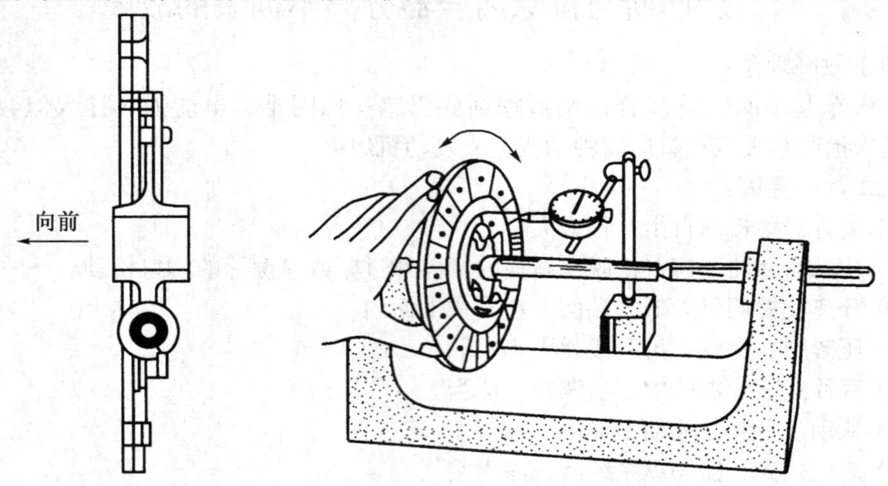

图2-2-9　检查从动盘　　图2-2-10　检查从动盘变形量

9）若经上述检查调整仍然无效，应分解检查离合器总成，分别检查压紧弹簧（或膜片弹簧）、离合器压盘和发动机飞轮表面以及其他有关零件，视情况予以修复或更换。

10）对于液压操纵式离合器，离合器总成经检查调整后仍分离不彻底，应检查操纵系统有无漏油现象，并对液压操纵系统进行排除空气，如图2-2-11所示。

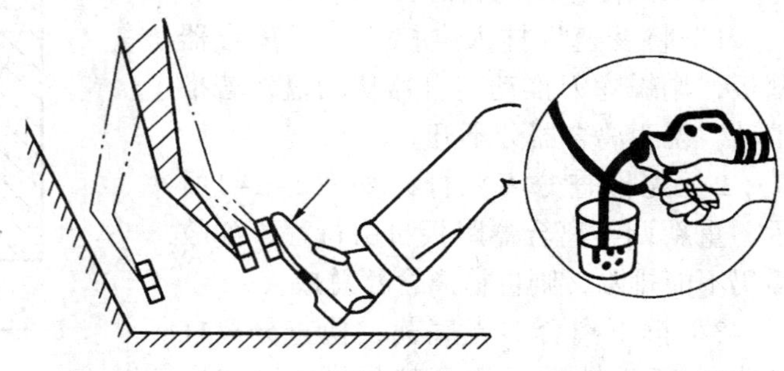

图2-2-11　排除离合器操纵系统中的空气

三、诊断与排除离合器发抖的故障

（1）故障现象：

汽车起步时离合器不能平稳接合，汽车会发生抖振和闯动。

（2）故障原因：

1）离合器分离轴承与导管之间锈蚀或有油污，使分离轴承移动困难。

2）分离杠杆（或膜片弹簧）内端不在同一平面上。

3）离合器从动盘破裂、变形，有油污或铆钉外露。

4）从动盘花键孔与变速器输入轴花键齿之间磨损松旷，从动盘摇摆。

5）压盘弹簧弹力不均，个别弹簧变软或折断。

6）膜片式离合器膜片弹簧弹力不均。

7）扭转减振器弹簧弹力下降或失效。

8）飞轮或压盘端面翘曲不平或磨损起槽。

9）离合器盖与飞轮的连接螺钉松动。

10）变速器与飞轮壳固定螺钉（或螺栓）松动，或发动机支撑固定螺栓松动。

（3）故障诊断与排除。

1）检查变速器与飞轮壳的固定螺栓以及发动机支撑的固定螺栓是否松动。如有松动应加以紧固。

2）如图2-2-12所示，连续踏、抬离合器踏板，检查分离轴承移动是否灵活。若有发涩，表明分离轴承与导管间锈蚀或有油污，应进行清洁。

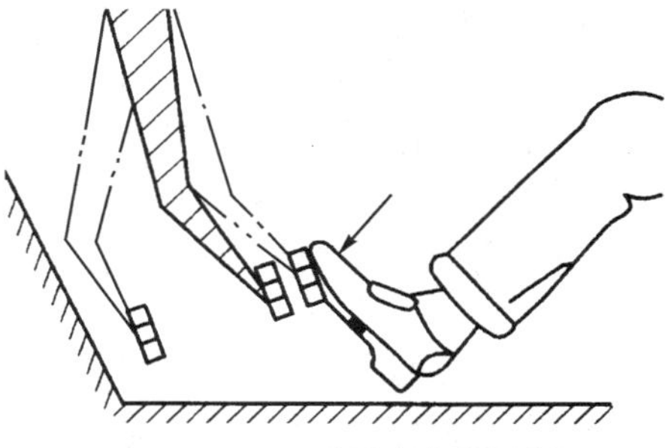

3）若分离轴承移动灵活，应拆下离合器壳底盖，检查离合器盖与飞轮的连接螺钉是否松动如图2-2-2所示。如有松动，应加以紧固。

图2-2-12　踏抬离合器踏板

4）若故障仍未排除，应检查分离杠杆（或膜片弹簧）内端高低是否一致，如图2-2-13所示。如不一致，应予以调整。

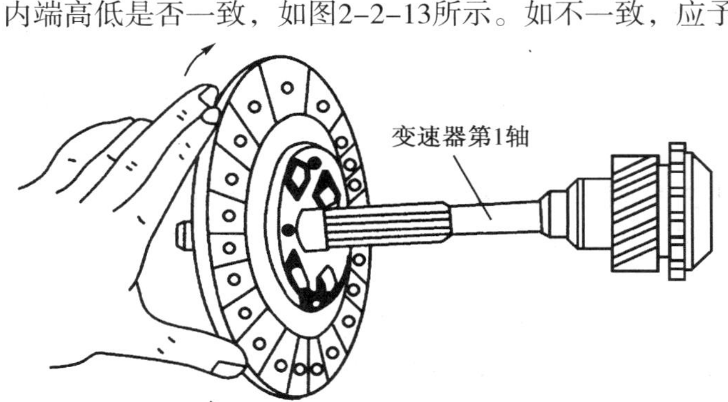

图2-2-13　检查从动盘花键孔与变速器第1轴花键齿配合间隙

5）经上述检查调整后仍然发抖，应将离合器拆下，检查离合器从动盘摩擦片是否破裂、变形、沾有油污和铆钉外露，以及从动盘花键孔与变速器第1轴花键齿的配合情况，如图2-2-13所示。视情况予以修理或更换新件。

6）若离合器从动盘良好，则应分解离合器，分别检查压盘弹簧（或膜片弹簧）和扭转减振器弹簧的弹力、飞轮表面和压盘表面是否翘曲变形。如不符合要求，应予以修理或更换新件。

四、诊断与排除离合器异响的故障

（1）故障现象：

发动机怠速运转时踩下离合器踏板有异响，放松踏板异响声消失，或者不论踩下或抬起离合器踏板均有异响。

（2）故障原因：

1）分离轴承损坏或润滑不良。

2）从动盘减振弹簧折断或松旷，摩擦片破裂、铆钉松动或外露，花键毂铆钉松动。

3）分离杠杆与离合器盖连接松旷或分离杠杆支撑弹簧疲劳、折断或脱落。

4）分离杠杆或支架销及孔磨损松旷。

5）分离杠杆调整螺栓过长而碰撞分离杠杆。

6）离合器踏板回位弹簧与分离轴承座回位弹簧过软、折断或脱落。

7）分离轴承与分离杠杆内端没有间隙。

8）离合器操纵机构连接部位松动，分离拨叉或传动部分有卡滞现象。

9）离合器盖上的驱动窗孔与压盘上的凸块配合松旷。

10）离合器压盘与离合器盖连接松旷或双片离合器的中间压盘销孔与传动销磨损松旷。

11）离合器踏板无自由行程。

12）变速器第1轴前轴承或衬套磨损松旷。

（3）故障诊断与排除：

1）检查离合器操纵机构各连接部位的紧固件有无松动。如有松动，应予以紧固。

2）如无松动，连续踏、抬离合器踏板，检查分离拨叉和传动部分有无卡滞现象。如有卡滞现象，应予以排除。

3）让发动机怠速运转，离合器处于接合状况，用脚或用手拉离合器踏板，观察踏板是否有回程。若有回程且响声消失，说明离合器踏板回位弹簧弹力不足或折断、脱落，应更换或装复。

4）如图2-2-14所示，检查离合器踏板的自由行程是否符合标准。若过小，应按要求调整；若正常，应检查分离轴承的技术状况。在发动机转速变化时，发出间歇的撞击声和摩擦声，说明离合器分离轴承座回位弹簧过软、折断或脱落，应更换或装复。

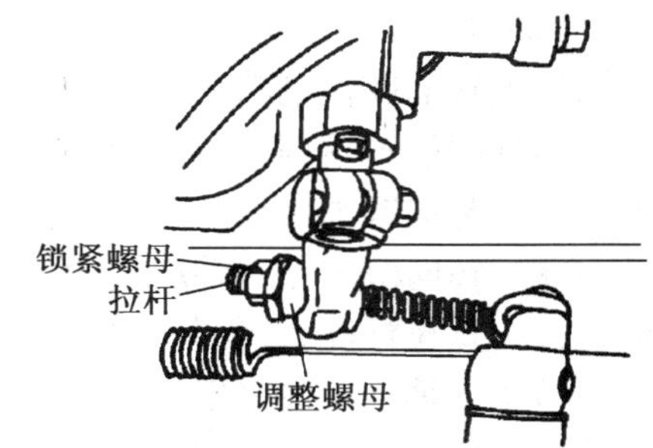

图2-2-14　离合器踏板自由行程检查与调整

5）启动发动机并在怠速下运转，轻轻踩下离合器踏板，使分离轴承与分离杠杆内端刚好接触，若此时发出“沙沙”声，说明分离轴承润滑不良或损坏，应加注润滑油或更换新件。

6）将离合器踏板踩到底，若听到“哗哗”的金属滑磨声，则拆下离合器底盖察看。若分离轴承不转，甚至有火花，说明分离轴承损坏，应检查分离轴承的技术状况，如图2-2-15所示。

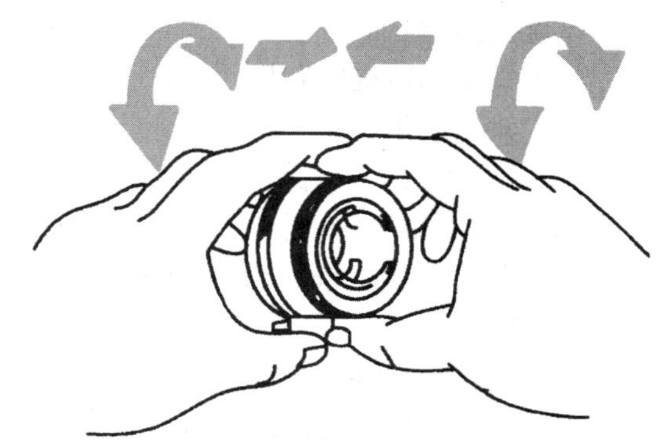

图2-2-15　检查离合器分离轴承

7）在踩下离合器踏板的过程中并无响声，但踩到底时发出“咔啦、咔啦”声，且随着发动机转速的升高而加重，中速稳定时响声明显减弱，抬起踏板后响声消失，说明离合器压盘与离合器盖连接松旷，双片离合器的中压盘销孔与传动销磨损松旷，应拆下离合器修复或更换新件。

8）汽车在行驶中，当离合器在接合或分离的瞬间，发出“咔”或“吭”的响声，特别是重载车起步时尤为明显，说明从动盘花键与变速器第1轴配合松旷或从动盘减振弹簧折断或松旷，应视情况更换从动盘或变速器第1轴。

9）刚调整分离杠杆的离合器后，在发动机运转时便听到有节奏的“嗒、嗒”响声，且随着发动机转速的升高而加重，说明分离杠杆调整螺栓过长而碰撞分离杠杆，可用手砂轮磨去过长的部分。

10）当刚踩下或刚抬起离合器踏板时，亦即离合器处于刚要分离或刚要接合的时候，若听到有“咔嗒”的碰击声，说明从动盘摩擦片或从动盘与花键毂的铆钉松旷，应更换从动盘；若听到有金属刮磨声，说明从动盘摩擦片的铆钉外露，应更换从动盘。

11）若从动盘完好，应分解离合器总成，检查压盘弹簧、减振弹簧、传动片等有无折断，如有应予以更换。

五、诊断与排除汽车转向沉重的故障

（1）故障现象：

左右转动方向盘，感到沉重费力。

（2）故障原因：

1）转向器内缺油或油过脏。

2）转向螺杆两端轴承调整过紧或轴承损坏。

3）转向螺母与摇臂轴齿扇啮合过紧。

4）转向器、转向节主销、轴承衬套部位缺油或调整过紧。

5）横拉杆、直拉杆球头销部位缺油或调整过紧。

6）转向节止推轴承缺油、损坏、调整过紧。

7）前轮定位失准，主销后倾角过大或过小，内倾角过大，前轮前束调整不当。

8）转向桥、车架弯曲或变形，前稳定杆变形，转向轴弯曲。

9）前轮轮毂轴承过紧。

10）钢板弹簧挠度和尺寸不符合规定。

11）轮胎气压不足。

（3）故障诊断与排除：

1）支起前桥后转动转向盘，若转向盘转向灵活，应检查轮胎气压是否过低，前轮定位是否符合要求，前钢板弹簧是否良好，前轴和车架是否变形。必要时应予以修理或更换新件。

2）支起前桥转向仍沉重，则应拆下转向垂臂，如图2-2-16所示。再转动转向盘，若转动灵活，表明故障在转向传动机构。如图2-2-17所示，检查各球头销装配是否过紧，转向节止推轴承是否缺油损坏，横拉杆、直拉杆是否弯曲变形。若有损坏或不符合要求，应予以修理或更换新件。

3）若拆下转向垂臂后，转动转向盘仍然沉重，则故障在转向器。应检查转向器是否缺油，如图2-2-18所示。若缺油，应按规定添加润滑油；若不缺油，应将转向器拆下进行检修。

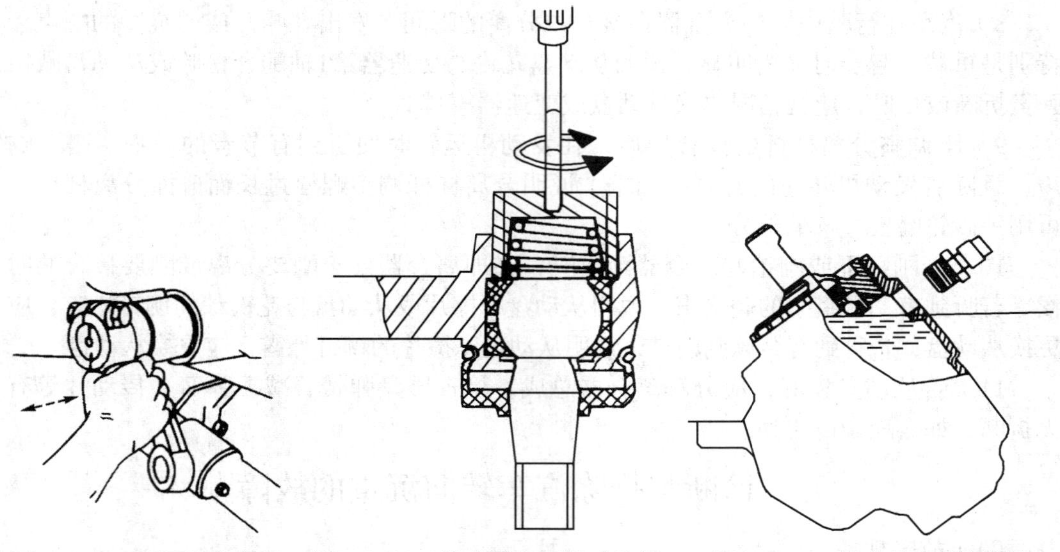

图2-2-16　拆下转向垂臂　图2-2-17　检查转向机构球头销松紧情况　图2-2-18　检查转向器润滑油

第三节　电 器 设 备

一、诊断与排除交流发电机不充电的故障

（1）故障现象：

1）发电机在任何转速下运转，电流表均指示放电或充电指示灯常亮。

2）蓄电池很快亏电。

（2）故障原因：

1）发电机皮带过松而打滑。

2）发电机电枢或磁场接线柱松脱、过脏、绝缘损坏，或导线接触不良。

3）充电指示灯接线搭铁或电流表损坏。

4）发电机内部故障，滑环绝缘击穿，定子或转子线圈断路、短路，电刷卡滞或磨损过度，弹簧弹力不足、折断，换向器损坏，硅二极管击穿等。

5）电压调节器调节电压过低，或第1对触点烧蚀，或第2对触点烧蚀。

（3）故障诊断与排除：

1）如图2–3–1所示，检查发电机皮带松紧度。若过松应按规定调整，并检查是否因沾油污而打滑，若有油污应清洁带轮。

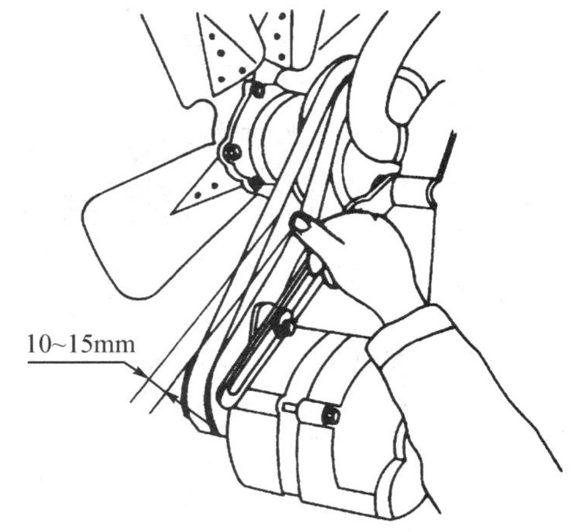

图2–3–1　发动机皮带松紧度检查

2）采用试灯检查有关导线的连接情况以及有无断路。灯亮，表明该接线柱之前线路良好；灯不亮，表明该接线柱有断路故障。

3）检查电源系统。先断开分电器断电触点，接通点火开关，观察电流表读数。若电流表指示为零，则磁场电路有故障。用试灯一端接发电机磁场接线柱，另一端搭铁，如灯亮，表明外磁场电路良好，故障在发电机内部磁场电路，应拆检排除。如灯不亮，表明外磁场电路断路或高速触点烧蚀，此时将调节器的火线与磁场短接，如灯亮，表明调节器损坏，应予更换；如灯不亮，表明线路有断路，应查出断路点予以排除。若电流表指针指向–2 A左右，表明充电电路有故障。先拆下发电机电枢线，用试灯一端接发电机电枢，另一端搭铁，如灯不亮，表明发电机内部有故障，应拆检排除。如灯亮，表明发电机外部的充电电路有故障，应检查排除。

二、诊断与排除起动机不工作的故障

（1）故障现象：

将点火开关转到启动位置，起动机不转动。

（2）故障原因：

1）蓄电池存电不足，或连接线头松动、脏污而接触不良。

2）启动开关接触点烧蚀或不能接触。

3）起动机与继电器之间导线断路或接线松脱。

4）继电器电磁线圈短路、断路或继电器触点烧蚀。

5）电磁开关线圈短路、断路或接触盘接触不良。

6）起动机内部故障。

7）电枢轴弯曲变形，轴承过紧或烧蚀。

（3）故障诊断与排除：

1）判断故障是否在蓄电池及外电路。开前照灯看灯光和按电喇叭听声音，如果无灯光和喇叭无声音，则可能是蓄电池无电或连接线松脱。检查蓄电池容量，若蓄电池良好，则应对蓄电池的正极线、接地线、接线柱和总电源开关进行检查。

2）判断起动机或其他部分故障，短路起动机2个主触点，如图2–3–2所示。

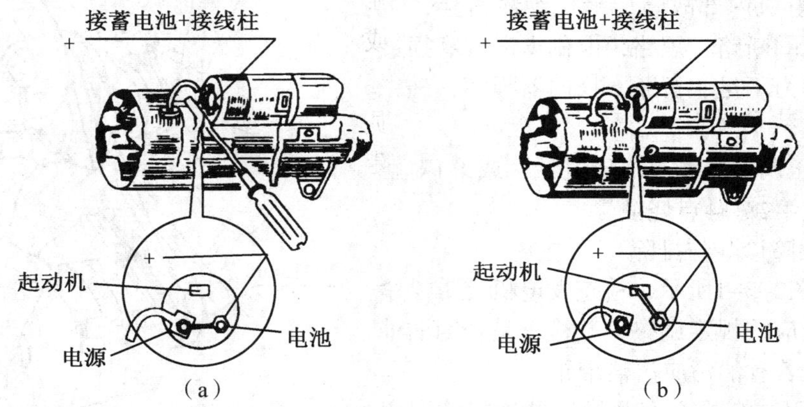

图2–3–2　起动机不转故障诊断

a．能转为起动机正常，是继电器或磁吸开关故障。

b．不转为起动机故障。如有强火花，则起动机有搭铁故障；无火花，则起动机有断路故障。

3）判断继电器或磁吸开关故障。短路继电器的电源和起动机接柱，如图2–3–3所示。

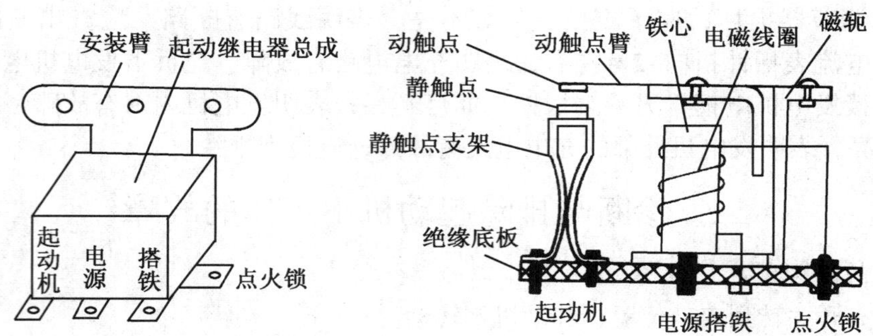

图2–3–3　启动继电器

a．能转为继电器坏。若继电器触点闭合，起动机仍不转为触点烧坏；若继电器触点不闭合，是线圈故障或导线故障。

b．不转为磁吸开关坏。若磁吸开关铁心移动，是主接触盘接触不良；若磁吸开关铁心不移动，是两组线圈坏。

4）判断起动机故障或点火开关故障，短路继电器上的点火和电源接柱。

a．能转为点火开关有故障。

b．不转为起动机有断路故障。

三、诊断与排除空调开关打开后压缩机不运转的故障

（1）故障现象：

空调开关开启后制冷压缩机不转动，出风口只出风而无冷气。

（2）故障原因：

1）空调熔断丝熔断，电源线路断路或接触不良，电磁离合器线圈烧断。

2）空调系统内无制冷剂，造成低压开关或空调怠速安全电路起作用，从而将电路断开。

3）电磁离合器皮带盘与压力板接合面磨损严重而打滑。

4）电磁离合器从动盘与压力板连接半圆键松脱。

5）传动皮带过松而打滑。

（3）故障诊断与排除：

1）检查空调熔断丝是否熔断，检查电源线路、插头、接头接触是否良好。

2）检查并调整离合器皮带的松紧度（方法与发动机风扇皮带同），检查压缩机轴键的情况。

3）检查电磁离合器线圈是否断路。

4）检查及更换磨损严重的离合器皮带盘和压力板。

5）检查系统内有无制冷剂。旋下压缩机检修阀防尘盖，压下气门芯看有无制冷剂，如无，表明低压开关起作用而将电路断开，应按规定抽真空后添加制冷剂。

6）调高发动机怠速后运转正常，表明怠速安全装置起作用，应重调怠速以适应发动机驱动空调设备的需要。

四、诊断与排除交流发电机充电电流不稳定的故障

（1）故障现象：

发动机在中速以上运转，电流表指示充电但指针左右摆动（或充电指示灯时亮时灭）。

（2）故障原因：

1）发电机皮带打滑。

2）充电系连接导线接触不良或插接件松动。

3）发电机内部定子或转子线圈某处有短路或断路；滑环脏污、电刷接触不良或电刷弹簧过软、折断。

4）电压调节器有关线路板松动或搭铁不良。

（3）故障诊断与排除：

1）检查发电机皮带松紧度，必要时调整。

2）检查紧固各导线连接处或插接件。

3）拆除调节器“+”与“F”连接线并悬空，用试灯连通发电机的两接线柱，如图2-3-4所示，使发电机转速不断升高，观察电流表，若电流表反应稳定，灯亮而不闪，表明发电机外磁场接触不良，或调节器的低速触点烧蚀。若电流表指针左右摆动，灯亮而闪，表明发电机外充电电路接触不良。若灯闪而不亮，则为发电机内部接触不良。均应检查并排除。

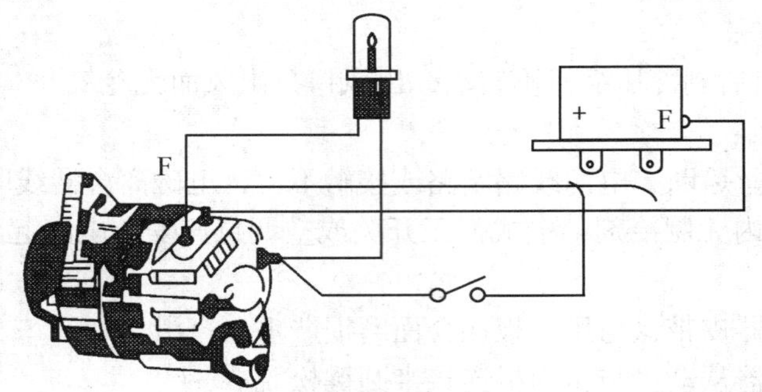

图2-3-4　充电电流不稳定检查

五、诊断与排除起动机转动无力的故障

（1）故障现象：

接通启动开关，起动机能转动，但转动无力，不能启动发动机。

（2）故障原因：

1）蓄电池亏电太多，起动机电路接头松动、脏污引起接触不良或发动机搭铁不良。

2）起动机装配过紧，或内部旋转件碰擦，阻扭矩过大。

3）起动机换向器与电刷间脏污、烧蚀或电刷磨损过量、弹簧过软。

4）起动机电枢绕组或磁场绕组短路。

5）起动机电磁开关触点烧蚀或电磁开关吸拉线圈；保持线圈断路、短路。

（3）故障诊断与排除：

1）开前照灯，按喇叭，判断蓄电池是否亏电较多。必要时加以充电或更换新件。

2）检查启动电路各连接导线是否松动或搭铁，若有加以排除。

3）短接起动机2个主接线柱，若电流很大、运转正常表明蓄电池到起动机电路良好，故障在电磁开关，应修复或更换。若仍无力，则可能在起动机内部绕组有短路、搭铁处或换向器故障。

六、诊断与排除汽油发动机无高压电的故障

（1）故障现象：

1）拔出中央高压线，在距缸体5 ~ 7 mm处无高压跳火。

2）发动机不能启动，无着火征兆。

3）带有电流表的汽车，启动发动机后电流表指示正常。

（2）故障原因：

1）分火头击穿。

2）分电器盖漏电或中心碳极脱落。

3）点火线圈烧坏。

4）中央高压线断路，中央高压插座漏电或其插孔内氧化物过多。

5）火花塞失效或漏电。

（3）故障诊断与排除：

拔下中央高压线，做跳火试验。

1）无火：

a. 检查低压线路有无断路故障。

b. 检查点火线圈次级绕组的电阻。若电阻值不符合规定值，更换点火线圈。

c. 检查中央高压线是否断路。如有异常，应更换新件。

2）有火：

a. 检查分火头是否击穿。

b. 检查高压分线是否老化漏电，是否断路。

c. 检查分电器盖中心碳极是否完好，盖体是否裂损或窜电。

d. 检查火花塞是否漏电，电极是否潮湿或积炭过多，间隙是否符合标准。若不符，应调整或更换新件。